超人氣

犬種圖鑑

BEST 185

動物記者 **藤原尚太郎◎編著**

蘇阿亮◎譯

漢欣文化公司

目次

索引

三劃

四劃

五劃

六劃

七劃

八劃

九劃

超人氣犬種圖鑑 Best 185

全犬種照片索引

五劃

牛頭㹴
p187

比利時馬利諾牧羊犬
p159

比利時特伏丹牧羊犬
p140

比利時格羅安達牧羊犬
p150

可蒙犬
p219

卡狄肯威爾斯柯基犬
p130

北海道犬
p202

北非獵犬
p224

北京犬
p64

巨型日本犬
（美國秋田犬）
p212

四國犬
p192

史凱㹴
p222

史奇派克犬
p153

史大佛夏牛頭㹴
p137

甲斐犬
p132

田野獵犬
p228

平毛拾獵犬
p94

布魯塞爾格里芬犬
p111

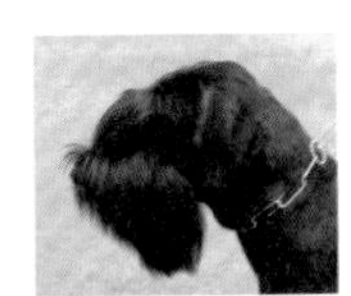
巨型雪納瑞犬
p162

吉娃娃
p18

匈牙利維茲拉犬
p220

伊比沙獵犬
p211

白色瑞士牧羊犬
p182

西班牙獒犬
p205

西施犬
p36

西里漢㹴
p156

西伯利亞哈士奇犬
p84

米格魯
p60

西藏獵犬
p124

西藏獒犬
p176

西藏㹴
p164

西部高地白㹴
p78

克隆弗蘭德犬
p248

克倫伯獵犬
p154

伯瑞犬
p199

伯納獵犬
p233

伯恩山犬
p76

沙皮狗
p173

杜賓犬
p96

庇里牛斯獒犬
p207

庇里牛斯牧羊犬
p190

克羅埃西亞牧羊犬
p204

帕森羅素㹴
p201

狆犬
p80

貝林登㹴
p146

貝生吉犬
p115

波密犬
p229

波利犬
p160

波士頓㹴
p68

拉薩犬
p136

拉布拉多獵犬
p52

法國水犬
p243

法老王獵犬
p180

波蘭低地牧羊犬
p157

波爾多犬
p177

波隆納犬
p145

玩具曼徹斯特㹴
p127

法蘭德斯畜牧犬
p161

法國獵犬
p241

法國鬥牛犬
p38

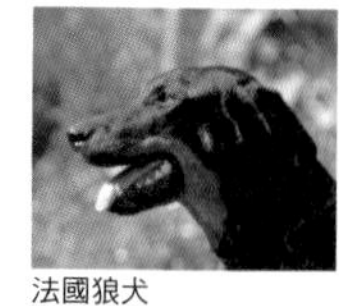
法國狼犬
p232

阿富汗獵犬
p122

阿根廷獒犬
p200

阿拉斯加雪橇犬
p141

長鬚牧羊犬
p149

金多犬
p237

威爾斯激飛獵犬
p175

威爾斯㹴
p143

哈瓦納犬
p247

俄羅斯玩具㹴
p172

九劃

突利亞棉犬
p218

秋田犬
p126

查理斯王騎士犬
p54

查理斯王獵犬
p189

威瑪犬
p113

美國史大佛夏㹴
p144

美國可卡獵犬
p66

美國水獵犬
p245

約克夏㹴
p30

紀州犬
p188

英國蹲獵犬
p181

英國激飛獵犬
（史賓格犬）
p134

英國指示獵犬
p198

英國古代牧羊犬
p133

英國可卡獵犬
p88

庫依克犬
p135

庫瓦茲犬
p216

埃斯尼拉山犬
p213

剛毛獵狐㹴
p102

十劃

柴犬
p40

挪威獵麋犬
p226

挪威布哈德犬
p227

拿坡里獒犬
p142

拳獅犬
p112

迷你牛頭㹴
p116

迷你巴塞特格里芬凡丁犬
p131

紐芬蘭犬
p125

秘魯無毛犬
p230

泰國背脊犬
p167

鬥牛犬
p74

馬爾濟斯犬
p44

馬瑞馬牧羊犬
p234

迷你雪納瑞犬
p42

迷你杜賓犬
p50

捲毛拾獵犬
p193

捲毛比熊犬
p86

曼徹斯特㹴
p235

鬥牛獒犬
p169

凱恩㹴
p90

凱利藍㹴
p165

傑克羅素㹴
p58

粗毛牧羊犬
p123

惠比特犬
p109

尋血獵犬
p249

喜樂蒂牧羊犬
p70

博美狗
p26

凱斯犬（荷蘭毛獅犬）
p178

貴賓狗（玩具型貴賓狗）
p14

短毛獵狐㹴
p223

短毛牧羊犬
p208

猴㹴
p171

湖畔㹴
p138

愛爾蘭軟毛㹴
p197

愛爾蘭㹴
p191

愛爾蘭紅白蹲獵犬
p210

愛爾蘭水獵犬
p244

黃金獵犬
p56

義大利靈猩
p72

萬能㹴
p129

新斯科細亞誘鴨獵犬
p240

愛爾蘭蹲獵犬
p120

愛爾蘭獵狼犬
p155

德國剛毛指示獵犬
p214

德國狩獵㹴
p221

德國牧羊犬
p104

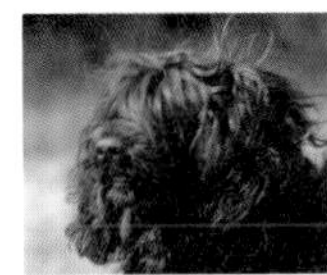
葡萄牙水犬
p209

聖伯納犬
p118

潘布魯克・威爾斯柯基犬
p46

標準型雪納瑞犬
p179

德國獵犬
p246

德國賓莎犬
p203

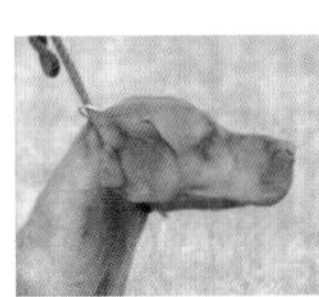
德國短毛指示獵犬
p196

澳洲牧牛犬
p168

澳洲卡爾比犬
p186

獒犬
p184

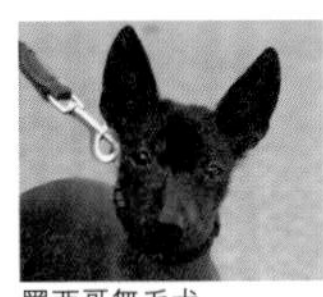
墨西哥無毛犬
p236

蝴蝶犬
p34

諾福克㹴
p108

諾威奇㹴
p139

澳洲絲毛㹴
p215

澳洲㹴
p225

澳洲牧羊犬
p121

羅秦犬
p239

羅威納犬
p110

鬆獅犬
p170

薩摩耶犬
p128

薩路基犬
p119

邊境㹴
p183

邊境牧羊犬
p62

臘腸狗（迷你臘腸狗）
p22

羅德西亞背脊犬
p163

羅馬涅水犬
p242

靈猩
p194

蘭伯格犬
p151

蘇格蘭獵鹿犬
p206

蘇格蘭㹴
p106

蘇俄牧羊犬
p100

狗的身體各部位名稱

耳朵的形狀

直立耳（prick ear）

常見於柴犬或牧羊犬等犬種，又稱為「立耳」。部分如大丹狗、杜賓犬等犬種，會以剪耳的方式使下垂的雙耳直立，但目前歐洲國家已禁止犬隻進行非醫療需要的剪耳。

半直立耳（semi-prick ear）

指的是直立耳前端四分之一處往下垂的耳型。粗毛牧羊犬、喜樂蒂牧羊犬的耳型為其代表。另外，玫瑰耳和V字型耳亦屬於半直立耳。

下垂耳（drop ear）

屬於垂耳的一種，其形狀為耳垂前端下垂並蓋住耳洞。另外也有自耳朵中間折下呈V字型的下垂耳，如萬能㹴。

V字型耳（V-shaped ear）

其耳朵形狀呈三角形。V字型耳分成直立型和下垂型兩種，西伯利亞哈士奇犬的耳型屬於前者，而鬥牛獒犬則屬於後者。

玫瑰耳（rose ear）

屬於半直立耳的一種，指的是當耳朵攤平或折疊時，會露出外耳內側凹凸部分的耳型。由於其凹凸部分狀似玫瑰花，因而稱為「玫瑰耳」。鬥牛犬的耳型即為典型的玫瑰耳。

蝙蝠耳（bat ear）

屬於直立耳的一種，耳寬、前端渾圓，狀似蝙蝠的翅膀，法國鬥牛犬的耳型即為典型的蝙蝠耳。

本書的使用方法

依照JKC（日本畜犬協會）2008年註冊的犬隻數量所排行的順位。

FCI（世界畜犬聯盟）註冊的犬種號碼。

以成犬的身高和體重為依據，將其體型分成小型犬、中型犬和大型犬三種，以利選擇犬種時參考。

將狗分成十種類別，分類方法與FCI、JKC相同。細節部分請參照253頁。

採訪「小島寵物專賣店龜戶本店」所得的價格。

吉娃娃

Chihuahua

犬種號碼 218
小型犬
第9類

個性似貓的獨行俠

體型雖小卻總是憂慮重重

吉娃娃是世界上最小的犬種，個性極為敏感，天真無邪、愛玩，卻又膽小、謹慎、纖細。個性似貓，喜歡獨來獨往，有時會跟主人撒嬌，有時又會擺出冷漠的態度。因為這樣的個性，使得吉娃娃長大後極能勝任單獨看家的任務，所以飼主不妨讓吉娃娃擁有一段能夠放鬆自我的時光。

吉娃娃的毛質有兩種，分別為長毛種和短毛種。個性方面，兩者並無太大的差異。但是，長毛吉娃娃和短毛吉娃娃都非常不能抵擋嚴寒，特別是冬天，應該讓牠和主人一起生活在室內的環境之中。當然，炎夏季節，飼主絕對不可以讓吉娃娃獨自留在沒有空調的房間或是

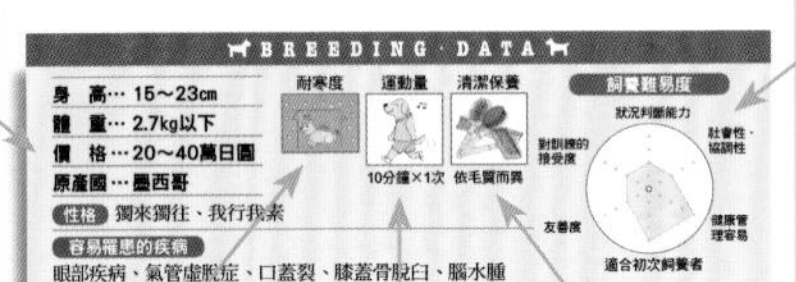

以圖表標示該犬種的飼養難易度。若粉紅色部分的面積越大，則代表該犬種越容易飼養。

狀況判斷能力
粉紅色部分越朝外側擴展，代表該犬種越聰敏，對訓練內容的領悟力越高。

社會性・協調性
粉紅色部分越朝外側擴展，代表該犬種比較不會吠叫，而且能和其他犬種和睦相處的可能性極高。

健康管理容易
粉紅色部分越朝外側擴展，代表該犬種越容易進行健康管理。

適合初次飼養者
粉紅色部分越朝外側擴展，代表該犬種越適合初次飼養者飼養。

友善度
粉紅色部分越朝外側擴展，代表該犬種越不易養成亂咬人的壞習慣。

對訓練的接受度
粉紅色部分越朝外側擴展，代表該犬種喜愛接受訓練的程度越高。

耐寒度

一般而言，狗的體質可以抵擋嚴寒，而承受不住酷熱，但其中也有不耐嚴寒的犬種。因此本書對耐寒度僅做概略的標示。

屬於不耐嚴寒的犬種，冬天特別需要保持室內溫暖。

屬於不會特別怕冷的一般犬種。

屬於非常耐寒的犬種，即使身處雪地也能面不改色。

運動量

本書以散步量標示該犬種一日所需的運動量。

10分鐘×2次
每日需要兩次各約10分鐘輕鬆的散步。

30分鐘×2次
每日需要兩次各約30分鐘快速的散步。

60分鐘×2次
每日需要兩次各約60分鐘與腳踏車並行速度的散步。

清潔保養

標示該犬種進行刷毛所需的用具，務必依照不同的清潔項目選擇適當的用具。

針梳
用於梳理長毛犬蓬鬆的被毛，能處理糾結的毛球和清除脫落的毛髮。

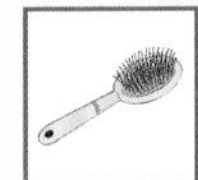
針刷
主要用於梳理長毛犬的被毛，能有效清除糾結的毛球，同時亦具有按摩的功效。

獸毛刷
能夠增添短毛犬毛色的光澤，同時亦具有按摩皮膚的功效。

鐵扁梳
用於梳理被毛，可預防糾結的毛球和清除脫落的毛髮。

貴賓狗（玩具型貴賓狗）

Poodle

犬種號碼 172
小型犬
第9類

分成四種不同體型
但註冊上僅視為同一犬種

玩具型貴賓狗。

Poodle

享受變化 被毛造型的樂趣

　標準型貴賓狗經過改良之後，成為迷你型貴賓狗。而玩具型貴賓狗則是迷你型貴賓狗再次經過小型化，於18世紀路易十六時代誕生的犬種。直到19世紀拿破崙三世統治的第二帝政時期，才成為大家喜歡抱在懷中的寵物而大受歡迎。目前，FCI（世界畜犬聯盟）將貴賓狗分成四種不同體型，分別為標準型、中型（AKC＝美國畜犬協會，以法語的「Klein Poodle」標示）、稍小的迷你型和最小的玩具型，但認證上都僅註冊為「貴賓狗」此一犬種。現在市面上也出現了一種稱為「茶杯型貴賓狗」的品種，儘管尚未獲得正式公認，但是在日本仍非常受到歡迎。

　體格方面，標準型貴賓狗的身高達60公分以上，玩具型貴賓狗則未滿28公分，兩者之間的差距甚大，當然個性也不盡相同。貴賓狗的原型——也就是最大體型的標準型貴賓狗，充滿自信、沉穩冷靜，對飼主忠誠。至於小一號的中型和迷你型貴賓狗，雖然也會展現出穩重、親和力十足的一面，但是同時亦擁有強烈的獨立性格。隨著貴賓狗的體型改良

玩具型貴賓狗的幼犬。

標準型貴賓狗的成犬。

BREEDING · DATA

身　高…28cm以內
體　重…3kg
價　格…20～60萬日圓
原產國…法國

性格 非常聰明、順從家人、愛玩

容易罹患的疾病
隱睪症、皮膚疾病、淚眼症

耐寒度　運動量　清潔保養
20分鐘×2次

飼養難易度
狀況判斷能力
社會性・協調性
健康管理容易
適合初次飼養者
友善度
對訓練的接受度

以上為玩具型貴賓狗的數據。

迷你型貴賓狗的成犬。

得越小巧，其愛撒嬌的傾向越強烈，而此一特質，在最小的玩具型貴賓狗身上越發明顯。基本上，貴賓狗犬種最大的特點是頭腦聰明，容易進行訓練，甚至是簡單的雜技，也相對能比較快就學會。

貴賓狗的被毛呈捲曲狀，屬於單層毛。即使沾到水，只要甩動身體，就可以輕易地排除水分，甩乾身體。由於貴賓狗幾乎沒有脫毛現象，讓過敏體質的人也能夠飼養，因此非常受到歡迎。

另外，對飼主而言，享受變化各種不同的被毛造型，也是其吸引人的魅力之一。提及貴賓狗，就不免令人聯想到其註冊商標——也就是被稱為「clip」的三種獨特修剪法。然而，近年來貴賓狗的被毛造型已經擺脫以往的既定框架，開始流行獨樹一格的修剪方式。由於貴賓狗的被毛生長快速，因此飼主不妨依照當時的心情，定期地為愛犬改變造型。

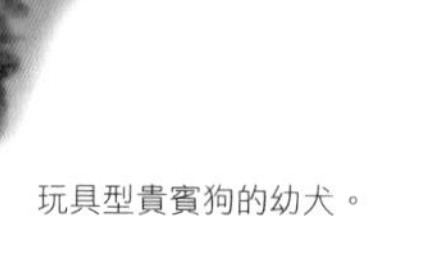

玩具型貴賓狗的幼犬。

玩具型貴賓狗的幼犬。

玩具型貴賓狗的成犬。

圖左為標準型貴賓狗，右為迷你型貴賓狗。

吉娃娃

Chihuahua

犬種號碼　218
小型犬
第9類

個性似貓的獨行俠

長毛吉娃娃的幼犬。

體型雖小 卻總是憂慮重重

吉娃娃是世界上最小的犬種，個性極為敏感，天真無邪、愛玩，卻又膽小、謹慎、纖細。個性似貓，喜歡獨來獨往，有時會跟主人撒嬌，有時又會擺出冷漠的態度。因為這樣的個性，使得吉娃娃長大後極能勝任單獨看家的任務，所以飼主不妨讓吉娃娃擁有一段能夠放鬆自我的時光。

吉娃娃的毛質有兩種，分別為長毛種和短毛種。個性方面，兩者並無太大的差異。但是，長毛吉娃娃和短

上圖為短毛吉娃娃的成犬，下圖為長毛吉娃娃的成犬。

BREEDING · DATA

身　高…15～23cm
體　重…2.7kg以下
價　格…20～40萬日圓
原產國…墨西哥

性格 獨來獨往、我行我素

容易罹患的疾病
眼部疾病、氣管虛脫症、口蓋裂、膝蓋骨脫臼、腦水腫

耐寒度	運動量	清潔保養
	10分鐘×1次	依毛質而異

飼養難易度
狀況判斷能力
社會性・協調性
健康管理容易
適合初次飼養者
友善度
對訓練的接受度

毛吉娃娃都非常不能抵擋嚴寒，特別是冬天，應該讓牠和主人一起生活在室內的環境之中。當然，炎夏季節，飼主絕對不可以讓吉娃娃獨自留在沒有空調的房間或是停放在屋外的車內。否則吉娃娃可能會因中暑而出現脫水現象，甚至失去性命，因此飼主務必小心注意。

近年來，日本出現了越來越多允許飼養寵物的公寓。因吉娃娃的體型小，飼養時無需顧慮日本居住環境的限制，即使在公寓內也可以飼養。加上吉娃娃的運動量和食量都很少，因此年長者也很容易飼養，同時也很適合工作忙碌的人飼養。

吉娃娃是世界上最小的犬種，在日本也屬於容易飼養的犬種，不過飼主必須隨時注意避免發生骨折等意

外。不僅是屋外，在室內也可能因為地面些微的高低落差而讓吉娃娃受傷。另外，由於吉娃娃的頭蓋骨（囟門：頭骨部分略微凹陷的凹洞）長大之後也不會完全閉合，因此飼主務必避免敲打其頭部。幼犬時期，最好能夠先在動物醫院接受健康檢查。

吉娃娃原產於墨西哥，屬於歷史悠久的犬種。阿茲特克時代的墨西哥，就曾將吉娃娃用於宗教儀式上，甚至於金字塔內發現的犬形浮雕，亦被認為是吉娃娃的原型犬種。據聞19世紀中葉，吉娃娃於美國西南方經過品種改良後才變成目前的模樣。19世紀末期，吉娃娃被引進歐洲國家後，便成為全世界廣受歡迎的犬種之一。

短毛吉娃娃的幼犬。

長毛吉娃娃的幼犬。

臘腸狗（迷你臘腸狗）

Miniature Dachshund

犬種號碼 148
小型犬
第4類

性格和體型
都很適合日本的家庭飼養

可以配合居家環境選擇適合的體型

臘腸狗非常親近主人，個性開朗、活潑好動，屬於初次飼養者也很容易飼養的犬種。以往，歐洲為了獵捕兔子和貂等小型動物，而將擅長獵捕狗獾、狐狸和水獺的標準型臘腸狗，進一步改良成迷你型臘腸狗。臘腸狗有三種不同的類型，分別為最大體型的標準型、最受歡迎的迷你型和最小的超迷你型。以上三種體型的分類，乃是根據狩獵時所能進入的洞穴大小而定，歐洲國家則是以其胸圍尺寸做為標準。因此儘管體型不同，也不會感覺有太大的差異。在日本，以迷你型臘腸狗最受歡迎；近年來，超迷你型臘腸狗的人氣也正在不斷地攀升。

迷你型長毛臘腸狗（褐色&黃褐色）的幼犬。

迷你型長毛臘腸狗（奶油色）的幼犬。

臘腸狗的毛質分成長毛、短毛和剛毛三種，毛質不同，性格亦大相逕庭。長毛臘腸狗的個性溫和敦厚，以迷你型臘腸狗為代表。短毛臘腸狗個性活潑，雖然好勝，但玩心也重。至於剛毛臘腸狗，因承襲㹴犬的血

BREEDING · DATA

身　高…21～27cm

體　重…4.8kg以下

價　格…15～40萬日圓

原產國…德國

性格 依毛質而異(參照p24)

容易罹患的疾病

椎間板突出

耐寒度	運動量	清潔保養
	30分鐘×2次	依毛質而異

飼養難易度

狀況判斷能力

社會性・協調性

健康管理容易

適合初次飼養者

友善度

對訓練的接受度

以上為迷你型臘腸狗的數據。

統，個性非常好勝、頑固，甚至會朝陌生人大聲吠叫。

整體而言，臘腸狗屬於個性開朗、活潑好動、親和力十足的犬種。充滿好奇心，總是精力充沛地到處跑來跑去，是一個很懂得自己找樂子的天才。臘腸狗很親近家人、觀察力敏銳，同時也非常細心，會努力想要理解主人的心情和感受。由於臘腸狗判斷狀況的能力也相對地良好，又具有行動力，因此只要飼主好好跟牠溝通，往往能夠明白主人的意思，並立刻採取正確的行動，是一種優秀的家庭犬。

臘腸狗腳短身長的體型，可能會因運動不足導致肌肉減少，而無法支撐其背脊；相反地，也可能因肥胖而傷及背脊，導致椎間板突出。因此，飼主務必提供臘腸狗適當的運動和飲食。

剛毛種

長毛種

短毛種

不同毛質所具有之性格差異	
剛毛種	好勝、活潑、好奇心旺盛
長毛種	溫和敦厚、愛撒嬌、略神經質
短毛種	親和力十足、忠誠、開朗

迷你型短毛臘腸狗。

短毛種臘腸狗。
照片右起為標準型、
迷你型和超迷你型。

博美狗

Pomeranian

犬種號碼 97
小型犬
第5類

務必注意
骨折、流眼淚和牙齒健康

活力十足、充滿知性卻脾氣暴躁

博美狗活力十足、天真無邪，卻出人意外地充滿知性、學習意願高。雖然博美狗時常亦步亦趨地跟在主人的腳邊打轉，模樣非常可愛，但是如果有什麼事不如己意的話，就會變得暴躁、易怒。儘管如此，當博美狗待在家中時，會非常小心、謹慎，遇到可疑人士或不明聲響時，也會有所反應而立刻大聲吠叫。然而，一旦警戒心過強，任何訪客都會讓牠大聲吠叫，因此飼主務必事先進行訓練以制止狗狗。

運動量雖然不是非常必需，但是如果每天都固定在同一時間外出散步的話，時間一到，博美狗可能就會狂吠催促，因此飼養之初遂採行不定時外出散步的方式，即可減少愛犬亂吠的現象。再者，不分室內或屋外，博美狗經常會發生骨折等意外，因此飼主務必充分留意樓梯或地面的高低落差。另外，博美狗也容易罹患經常流眼淚的淚眼症，飼主務必經常保持眼周的清潔。由於博美狗很容易發生過早掉牙

BREEDING · DATA

身　高…20cm

體　重…1.5～3kg

價　格…12～25萬日圓

原產國…德國

耐寒度

運動量：10分鐘×1次

清潔保養

性格 活潑、好奇心旺盛、亦有神經質的一面

容易罹患的疾病

氣管虛脫症、骨折、膝蓋骨脫臼、內分泌疾病、淚眼症

飼養難易度

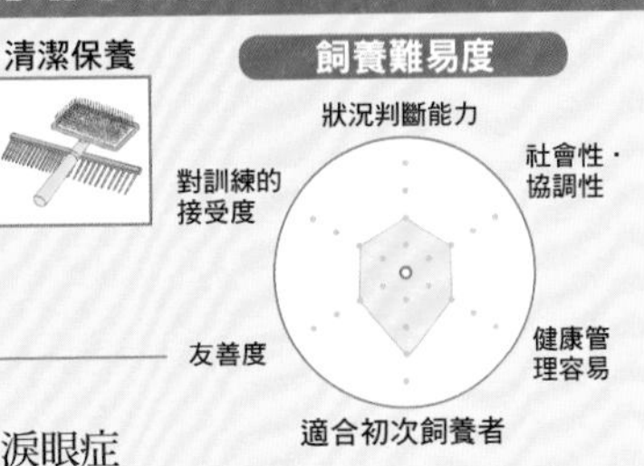

的情況，因此必須從小就注意牙齒的保健。

博美狗源於北方的大型狐狸犬系，於德國波美拉尼亞地區的普魯士經過改良之後，而形成現在的模樣。西元1800年代，就連法國瑪麗皇后和音樂家莫札特也都是博美狗的愛好者；西元1800年代末葉，甚至贏得英國維多利亞女王的青睞。

由於擁有北方犬的血統，博美狗的被毛屬於雙層毛，相當具有保暖的效果；但是相反地，遇到日本高溫潮濕的夏季，便容易大感吃不消。尤其如果待在無空調的室內或車內，將會有中暑的危險，務必小心注意。博美狗的被毛顏色一般為橘色或奶油色，但是其被毛的顏色變化多端，甚至也有黑色和藍色。其被毛細緻，容易糾結在一起，產生毛球，因此每天的刷毛、整理是不可或缺的工作。飼主可以使用針梳等用具整理其毛髮。每天的刷毛、整理，除了可以清除脫落的毛髮之外，同時也具有增添毛髮光澤和促進皮膚活化的效果。

約克夏㹴

Yorkshire Terrier

犬種號碼 86
小型犬
第3類

毛色光彩奪目、個性頑固的㹴犬

Yorkshire Terrier

懷著滿滿的愛 建立信賴關係

被一般人暱稱為「Yorkee」的約克夏㹴，全身覆蓋著豐盈美麗的被毛，嬉戲玩樂的可愛模樣，令人莞爾。其實約克夏㹴是充滿活力、相當活潑好動的犬種。這是因為，19世紀中期的英國約克郡工業區一帶，工人和礦工為了捕捉家中肆虐的老鼠而飼育出來的獵犬，正是約克夏㹴的祖先犬。儘管其根源並沒有清楚的記載，但似乎是史凱㹴、馬爾濟斯犬、曼徹斯特㹴和丹第丁蒙㹴等犬種，隨著員工來到工業地區一帶後，與約克夏㹴的基礎犬配種而成的。

幼犬。

約克夏㹴的體態優美，但相反地，其自我意識極強，喜歡以吠叫的方始吸引別人的目光，個性固執，勇於挑戰各種事物，因此不易照料。但儘管如此，約克夏㹴仍是一種很適合看家的狗。此外，約克夏㹴也有其纖細的一面，除了愛撒嬌、怕寂寞之外，其警戒心亦強，因此若長時間令其看家或留置於陌生的環境，也可能突然垂頭喪氣起來，甚至因壓力而影響身體健康。因此，約克夏㹴的本性其實並不壞，但是也有可能會因飼主的管教方式，而突顯其頑

BREEDING · DATA

身　高…23cm左右

體　重…3kg以內

價　格…12～25萬日圓

原產國…英國

性格 在飼主面前時個性剛強、開朗

生病

膝蓋骨脫臼、心臟疾病、尿石症

耐寒度	運動量	清潔保養
	10分鐘×2次	

飼養難易度

狀況判斷能力
社會性・協調性
健康管理容易
適合初次飼養者
友善度
對訓練的接受度

固的一面。最重要的是，飼主切勿過度保護和溺愛，而必須充滿愛心，與其建立深厚的信賴關係，以便能夠確實控制狗狗。

幼犬時期，約克夏㹴的鼻頭和足圍以外的毛色幾乎都是純黑色，但是會隨著成長而產生變化，2歲之後才會形成最終的毛色。狗狗若要做為展示犬，為了維持其順垂而下、如絹絲般的被毛，平時最好利用緞帶繫住以保護被毛；至於若只是一般家庭飼養的話，則建議剪短被毛。毛質方面，每天的刷毛、整理非常重要，一旦疏於清潔整理，立刻就會產生毛球，進而可能引發皮膚炎等症狀。此外，基於對眼睛的保護和嘴巴四周的清潔等需求，每天用餐之後，飼主都必須為其擦拭乾淨。

幼犬。

蝴蝶犬

Papillon

犬種號碼 77
小型犬
第9類

一雙如蝴蝶展翅的大耳 充滿知性

採取剛柔並濟、恩威並施的生活方式

又稱為大陸玩具西班牙獵犬的蝴蝶犬，正如其名「Papillon」一語在法文中的意思——蝴蝶，其最大的特徵即是狀似蝴蝶的一雙大耳。蝴蝶犬的個性愛玩，同時又具有穩重、忍耐力強、機靈的特質。但也略有神經質的一面，因此如果自幼犬時期開始飼主便一味地溺愛、放縱，長大後可能會成為任性又具攻擊性的狗。蝴蝶犬的體型嬌小可愛，卻極可能因飼主一味地寵溺，而讓狗狗變成愛亂吠的麻煩人物。因此在飼養過程中，不妨嚴格訓練、親切遊戲，明確地採取剛柔並濟的原則。只要飼主能確實地控制其行為，蝴蝶犬會是一種非常適合日本居住環境的犬種。垂耳型蝴蝶犬在歐洲國家又被稱為「法雷奴」。

幼犬。

15世紀的義大利畫作中，早已出現形似蝴蝶犬的狗。相傳蝴蝶犬的祖先原是西班牙獵犬，而18世紀的宮廷內，將蝴蝶犬納入個人肖像畫中的做法，早已蔚為風潮。爾後，才由法國的繁殖專家培育成目前的模樣。

垂耳型的法雷奴。

BREEDING · DATA

身　高…20～28cm
體　重…4～4.5kg
價　格…15～30萬日圓
原產國…法國、比利時

性格 聰明、善於判斷周遭狀況、天真

容易罹患的疾病
眼部疾病、膝蓋骨脫臼

耐寒度　運動量　清潔保養
20分鐘×1次

飼養難易度

西施犬

Shih - Tzu

犬種號碼 208
小型犬
第9類

喜怒哀樂的表情
非常豐富

長長的被毛也是西施犬的魅力之一

西施犬的迷人之處，在於臉上扁塌的鼻頭和一雙大眼睛，此外，其臉部的表情豐富，喜怒哀樂的表達堪稱一絕，令人百看不厭，那充滿人性的臉，讓人幾乎忘記牠是一隻狗。西施犬的人氣指數居高不下，經常盤踞排行榜前十名。然而也有其自尊心強、固執的一面。西施犬非常親近主人，但是對主人的朋友卻十分冷漠，甚至會出現朝對方吠叫的情形，因此飼主務必小心注意，避免驚嚇到朋友。

西施犬光滑的被毛，一般都會做剪短的處理，不過若要做為展示犬，長被毛反而更能突顯高雅的氣質。美麗的長被毛雖是西施犬的魅力之一，但清潔保養起來可一點也不輕鬆。除了必須每天進行刷毛工作，身上的被毛平時也必須仔細進行包毛的工作，保護毛尾避免受損。另外，西施犬的眼睛大，如果臉上的毛髮過長，很容易插到眼睛，由於屬於易患眼疾的犬種，因此務必將其臉部的毛髮束於頭頂，以免刺進眼睛。

幼犬。

幼犬。

BREEDING · DATA

身　高… 27cm以下
體　重… 8kg以下
價　格…8～20萬日圓
原產國…西藏

性格 天真、誇張的感情表達

容易罹患的疾病
眼部疾病、口蓋裂、脂漏性皮膚炎

耐寒度　運動量　清潔保養

10分鐘×2次

飼養難易度

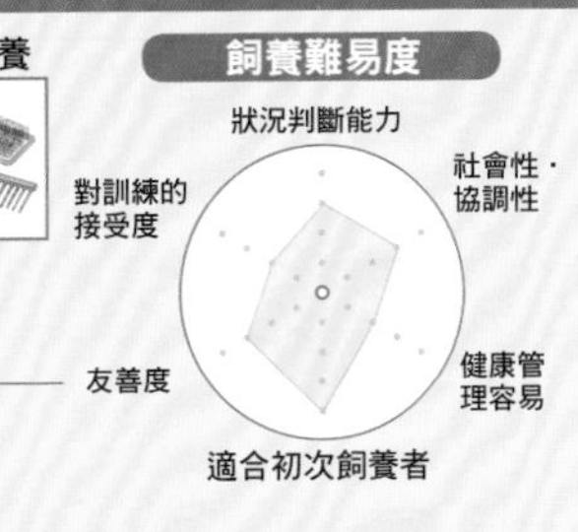

法國鬥牛犬

French Bulldog

犬種號碼 101
小型犬
第9類

相當討喜的性格

淺黃褐色法國鬥牛犬的成犬。

French Bulldog

耐心地與法國鬥牛犬對話溝通

自從數年前，法國鬥牛犬躍上電視廣告和雜誌封面而大受歡迎後，人氣就一直歷久不衰。由於法國鬥牛犬的胎兒屬於頭部碩大的體型，只能以剖腹生產的方式繁殖，儘管如此，在人氣排行榜上依然能夠名列前茅。

鬥牛犬的成犬。

法國鬥牛犬的個性安靜、纖細敏感、感情豐富，除了深思熟慮、聰敏，充滿好奇心之外，也非常愛玩，會不斷地開發出能自得其樂的小遊戲，例如探險或尋寶等，十分討人喜歡。聰明的程度相當出類拔萃，能夠理解主人大部分的意思。當你跟牠說話時，牠會歪著頭注視著你的眼睛，認真地聆聽，努力理解話中的含意。

也因此在進行訓練時，一旦嚴厲地斥責牠，反而會得到反效果。當法國鬥牛犬做錯事時，飼主耐心地教導、講道理，或是對牠流露出灰心、失望的神情，反而能讓牠確實地反省。

幼犬。

BREEDING · DATA

身　高…30cm

體　重…10～13kg

價　格…20～50萬日圓

原產國…法國

性格 好奇心旺盛、愛玩、愛撒嬌

容易罹患的疾病

眼部疾病、口蓋裂、血友病、神經系統疾病、尿石症、皮膚疾病

耐寒度　運動量　清潔保養

運動量：20分鐘×2次

飼養難易度

狀況判斷能力　社會性・協調性　健康管理容易　適合初次飼養者　友善度　對訓練的接受度

柴犬

Shiba Inu

犬種號碼 257
小型犬
第5類

順從主人又忠誠
在全世界都廣受喜愛

Shiba Inu

應該讓柴犬自幼犬時就學習社會性

代表日本的柴犬，不僅在日本，也是廣受全世界喜愛的犬種。長大之後會順從飼主、忠心耿耿，極具犧牲奉獻的精神。此一性格，可能承襲自過往的祖先──獵犬的血統。

活潑好動、動作敏捷，擁有超凡的持久力，雖然屬於小型犬，卻擁有與中型犬並駕其驅的體力。因此，利用散步時間讓牠充份運動、舒展筋骨非常重要。至於散步的路線，最好能每天多準備一些富有變化的重點，經常讓牠有一種能夠與主人一起到處趴趴走的感覺。

幼犬時期，除了飼主之外，也必須多和其他的人、狗接觸。儘量為牠營造出能培養社會性的環境，才能讓牠成為沉著穩重又優秀的看守犬。

在高人氣的背後，濫繁殖的結果，導致近年來出現了許多精神方面缺乏抗壓性、神經質、愛亂吠又具攻擊性的柴犬，因此，購買時務必仔細確認是否有近親繁殖的血統。

幼犬。

BREEDING・DATA

身　高	37～40cm
體　重	9～14kg
價　格	8～20萬日圓
原產國	日本（本州、四國的山區）

耐寒度　運動量（30分鐘×2次）　清潔保養

性格 以主人為中心的忠犬、警戒心強

容易罹患的疾病
皮膚疾病

飼養難易度
狀況判斷能力／社會性・協調性／健康管理容易／適合初次飼養者／友善度／對訓練的接受度

迷你雪納瑞犬

Miniature Schnauzer

犬種號碼 183
小型犬
第2類

對於沒有規矩的人 可不會客氣

好奇心旺盛的行動派

Miniature Schnauzer

迷你雪納瑞犬的好奇心旺盛，對於感興趣的事情，都能夠勇於挑戰，行動力十足。另外也具有感情豐富、機靈的特質。起初面對陌生人時會充滿警戒，一旦認同之後，即使不是自己家裡的人也會友善以待。

迷你雪納瑞犬肌肉發達，具有令人無法忽視的強壯體格。其個性嚴謹，對於決定的事情，會努力按照計畫確實完成。因此，如果飼養於紀律鬆散或生活不規律的家庭，可能會產生極大的壓力。另外，雪納瑞犬亦有其嚴格的一面，例如對於不遵守禮儀或破壞現場氣氛的人，不分對象，都會展開攻擊。因此，當牠和其他小朋友或狗狗玩耍時，飼主務必小心注意，以免無預期的發生咬傷人的意外。

據說，迷你雪納瑞犬是西元1800年代後期，由標準型雪納瑞犬，加上猴㹴和迷你杜賓狗或貴賓狗配種而成的犬種。

幼犬。

BREEDING · DATA

身　高…30～35cm

體　重…6～7kg

價　格…10～25萬日圓

原產國…德國

性格 天真無邪、好奇心旺盛

容易罹患的疾病

尿道系統疾病、白內障

耐寒度

運動量

20分鐘×2次

清潔保養

飼養難易度

馬爾濟斯犬

Maltese

犬種號碼 65
小型犬
第9類

愛撒嬌的
雪白小型犬

展示型馬爾濟斯犬的成犬。

優秀的治療犬

被毛雪白、姿態可愛的馬爾濟斯犬，可以跟任何人融洽地打成一片。聰敏、記性好，能夠立刻記住家中所有的規矩，是一種無需多費工夫教導的室內犬。這40年來，馬爾濟斯犬的人氣一直居高不下，稱得上是日本人最熟悉、親近的犬種。

馬爾濟斯犬充滿知性、溫和柔順、愛撒嬌，其實個性非常活潑，比起跟主人外出散步，更喜歡在小小的空間裡到處嬉戲。此一犬種絕對不應該過度保護，而應該讓牠健康地成長。馬爾濟斯犬喜歡被別人抱在懷中，據說過去在動物療法的領域中，可發揮驚人的治療效果。對於年長者而言，也很容易照料，因此，馬爾濟斯犬可說是最適當的治療犬。

馬爾濟斯犬的被毛會長得很長，若是一般的飼養，為了怕身上的長毛弄髒或產生毛球，建議最好能做剪短的處理。若是以展示犬飼養，則應該將其身上的長毛做包毛的處理以保護毛尾。

幼犬。

做剪短處理的成犬。

BREEDING·DATA

身　高	20～25cm
體　重	3～4kg
價　格	10～20萬日圓
原產國	馬爾他共和國

性格 愛撒嬌、總是希望別人抱抱

容易罹患的疾病
眼部疾病、膝蓋骨脫臼、心臟疾病、腦水腫、咬合不正、淚眼症

耐寒度　運動量　清潔保養

10分鐘×2次

飼養難易度

潘布魯克・威爾斯柯基犬

Welsh Corgi Pembroke

犬種號碼 39
小型犬
第1類

喜歡親近人類的
優秀看守犬

要注意避免肥胖的問題

一般人暱稱為「Corgi」(柯基)的潘布魯克・威爾斯柯基犬，是非常喜歡親近人類的犬種，個性溫良、順從而友善，具備卓越的狀況判斷能力，訓練能力強，非常優秀，只要牠感興趣，就會主動地參與，並於短期間內學會。潘布魯克・威爾斯柯基犬非常親近主人，卻沒有黏人的特質，所以可以長時間留牠看家；再者，由於其守護勢力範圍和家園的意識比其他狗強上一倍，因此能成為優秀的看守犬。

柯基犬的身材大多肥胖、壯碩。屬於腳短身長體型的柯基犬，容易因肥胖而傷害背脊或者造成椎間板突出的現象。因此，適當的飲食和適度的運動之間如何取得平衡，顯得格外重要。肥胖的預防，即使是一般的家庭也有能力做到，因此對於其食量和運動量，飼主務必嚴格管制，絕對不可寵溺。

潘布魯克・威爾斯柯基犬的體重接近中型犬，小朋友或年長者可能無法負荷，因此務必避免發生衝撞。

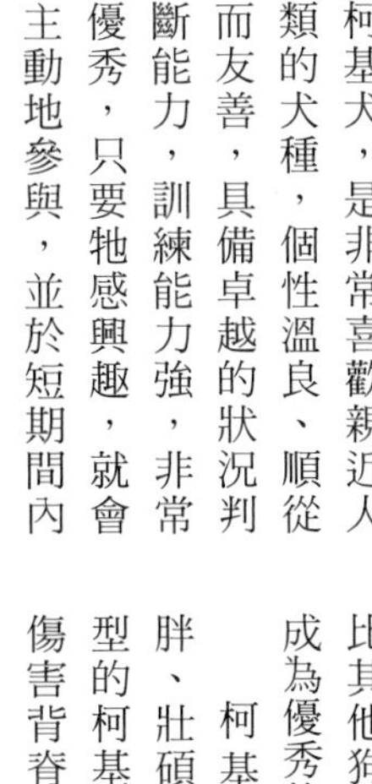
幼犬。

幼犬。

BREEDING・DATA

身　高…25～30.5cm

體　重…10～12kg

價　格…13～25萬日圓

原產國…英國

耐寒度　運動量　清潔保養

30分鐘×2次

性格 溫和敦厚、友善、具卓越的狀況判斷能力

容易罹患的疾病

眼部疾病、腎臟疾病、椎間板疾病

飼養難易度

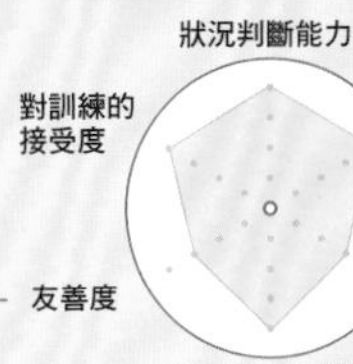

巴哥犬

Pug

犬種號碼 253
小型犬
第9類

名字源自於
狀似拳頭的臉

黑色巴哥犬的成犬。

Pug

排熱功能不佳

此一犬種名源自於拉丁語「pugnrs」，意思是「緊握的拳頭」。巴哥犬臉上扁塌的鼻頭、圓滾滾的大眼睛和下垂的雙耳，實在稱不上是美麗的臉孔；但是，近年來，因為巴哥犬「醜得很可愛」的缺陷美特質，讓牠依然維持著穩定的人氣。多數飼主似乎有一種捨棄容貌美麗的狗，而追求惹人憐愛的狗的傾向。巴哥犬雖然外表不出色，但是光看到牠的動作，就能夠讓人心情平靜、愉快。巴哥犬個性相當機靈、聰敏，對飼主忠心耿耿。雖然自我主張強烈，同時也有自尊心強、固執的一面，但巴哥犬也是個能準確地判斷狀況、凡事正面思考的聰明狗狗。

不過由於鼻頭扁塌的關係，導致巴哥犬氣管狹窄，經常出現呼吸困難的症狀，特別是睡覺時如雷的鼾聲，絲毫不比人類遜色。另外，因其氣管狹窄，以致於不易進行體內的排熱，所以炎熱的日子裡，空調是不可或缺的。而且巴哥犬臉部周圍的皺褶容易藏污納垢，因此務必每天擦洗，以保持清潔。

幼犬。

銀色巴哥犬的成犬。

BREEDING・DATA

身　高…25～28cm

體　重…6.3～8.1kg

價　格…12～25萬日圓

原產國…中國

性格 和藹可親、友善

容易罹患的疾病

眼部疾病、軟口蓋過長、中暑、鼻孔狹窄

耐寒度

運動量

10分鐘×2次

清潔保養

飼養難易度

狀況判斷能力

社會性・協調性

健康管理容易

適合初次飼養者

友善度

對訓練的接受度

迷你杜賓犬

Miniature Pinscher

犬種號碼 185
小型犬
第2類

外型似杜賓犬
卻是早了二百多年的老前輩

紅棕色迷你杜賓犬的成犬。

要避免骨折或脫臼的問題

迷你杜賓犬的體格強壯、肌肉結實，是外型出眾的小型犬。一般容易認為迷你杜賓犬是改良自杜賓犬的犬種，但其實早在1700年代，迷你杜賓犬就已存在，可說是比1880年代誕生的杜賓犬整整早上將近200年的老前輩。

被暱稱為「Mini pin」（迷你品）的迷你杜賓犬，個性活潑、活動力十足、感情豐富，也會跟小朋友愉快地嬉戲。迷你杜賓犬頭腦聰明，若能善加訓練，就能學會各種雜技。相反地，其自尊心強、擁有強烈的自我主張，因此飼養的過程中，一旦過於溺愛或獨處時間過長，可能會變成愛亂吠、具攻擊性且神經質的狗。

雖然可以在允許養寵物的公寓裡飼養，但迷你杜賓犬擁有與外表不相稱的充沛精力，需要每天運動。儘管其運動神經發達、跳躍力十足，但精瘦的體型卻有骨折或脫臼的危險。雖說跳躍很有趣，但要注意避免因過度的跳躍而受傷。

黑色&淺黃褐色迷你杜賓犬的成犬。

幼犬。

BREEDING · DATA

身　高…25～30cm
體　重…4～6kg
價　格…15～25萬日圓
原產國…德國

性格 開朗、活潑、略神經質

容易罹患的疾病
鼠蹊疝氣、皮膚疾病

耐寒度　運動量　清潔保養

20分鐘×2次

飼養難易度

狀況判斷能力
社會性・協調性
健康管理容易
適合初次飼養者
友善度
對訓練的接受度

拉布拉多獵犬

Labrador Retriever

犬種號碼 122
大型犬
第8類

擔任導盲犬等任務
對人類社會具有卓越貢獻的名犬

黑色拉布拉多獵犬的成犬。

兩歲之前非常調皮 兩歲後會較成熟穩重

現今以導盲犬的角色而聞名，對人類社會奉獻良多的拉布拉多獵犬，總是認真地完成每一個命令，並蘊含著無限的潛力，視訓練的不同可以成為任何功能的工作犬。個性極為溫和，是感情豐富的和平主義者。

但約莫要在拉布拉多獵犬出生2年後，性格才會比較沉穩。在此之前大多調皮、愛撒嬌，會度過一段愛玩的日子。不過，兩歲之後，搖身一變成為穩重的大人，頓時家中甚至會顯得有點冷清。此時的拉布拉多獵犬就會是個能夠待在飼主腳邊等待指示的名犬，只要飼主以最低限度所需的指示動作，就能夠完全服從指令。

從拉布拉多獵犬的名字來看，很容易會讓人聯想到原產自加拿大的拉布拉多半島；然而，其實此一品種原產於紐芬蘭島的紐芬蘭拉布拉多省。由於拉布拉多獵犬過去是用在聖約翰河為漁夫協助捕魚的工作，因而非常喜歡游泳。

幼犬。

黃色拉布拉多獵犬的成犬。

BREEDING・DATA

身　高…54～57cm

體　重…25～34kg

價　格…10～20萬日圓

原產國…英國

性格 溫和敦厚、順從、頭腦聰明、和人親近

容易罹患的疾病

關節疾病、眼部疾病、甲狀腺機能亢進、髖關節發育不良

耐寒度　運動量　清潔保養

60分鐘×2次

飼養難易度

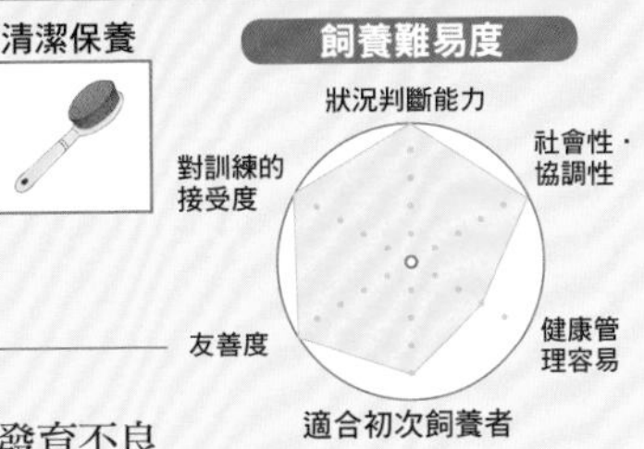

查理斯王騎士犬

Cavalier King Charles Spaniel

犬種號碼 136
小型犬
第9類

善於交際的玩賞犬
小朋友在場也可以放心

三色混合查理斯王騎士犬的成犬。

需要重視老犬的照顧

姿態優雅、溫和有禮的查理斯王騎士犬，除了玩心重，也善於交際而充滿知性，總是予人青春洋溢的形象。查理斯王騎士犬容易訓練，也能夠和小朋友或其他寵物和睦相處。性格方面完全無需飼主費神，是很稱職的玩賞犬。對陌生人會帶著強烈的好奇心接近，態度也很友善。而且下次再見面時，仍然會記得對方。

散發美麗光澤的被毛，柔軟滑順而略呈波浪狀。若能每天勤於刷毛，會增添被毛的亮麗光澤，因此飼主務必勤加照顧。另外，查理斯王騎士犬屬於垂耳型犬種，飼主務必定期清潔愛犬的耳朵，保持雙耳乾淨。

至於飼養方面必須注意的問題，則是查理斯王騎士犬屬於容易發胖的體質。一旦飲食和運動失衡，立刻就會發胖。尤其是老邁之後運動量減少，更必須小心注意肥胖問題。飼主還須注意狗狗可能因營養失調而引發的皮膚疾病，或者體重過重而造成的膝蓋骨異常。

紅寶石色查理斯王騎士犬的幼犬。

幼犬。

BREEDING・DATA

身　高…31～33㎝
體　重…5.4～8kg
價　格…15～25萬日圓
原產國…英國

性格 溫和有禮、沉著穩重、善於社交

容易罹患的疾病
膝蓋骨疾病、心臟疾病、隱睪症、皮膚疾病

耐寒度　運動量（20分鐘×2次）　清潔保養

飼養難易度
狀況判斷能力／社會性・協調性／健康管理容易／適合初次飼養者／友善度／對訓練的接受度

黃金獵犬

Golden Retriever

犬種號碼 111
大型犬
第8類

個性溫和的樂天派

金黃色黃金獵犬的成犬。

Golden Retriever

透過玩水紓解壓力

黃金獵犬雖然被歸類為大型犬，但是個性非常溫和，喜歡親近人類，對任何人都很友善。個性活潑開朗，對於討厭或不愉快的事物都會立刻忘記，只會一股腦地熱衷於開心的事物。黃金獵犬對小朋友和其他寵物非常寬容，只要能夠和牠一起玩，牠就會感覺很幸福。但是2歲之前的黃金獵犬非常調皮，由於黃金獵犬的力氣很大，飼主必須隨時注意避免發生小朋友被撞倒的意外。再者，若長時間放牠獨處，可能會發生一些意想不到的惡作劇行為，例如把房間翻得亂七八糟等等。因此當黃金獵犬變得莫名安靜時，飼主就必須注意了。

黃金獵犬非常喜歡水上活動，尤其在這個時候，很容易不聽從飼主的制止而衝進水中。相反地，在近水的地方進行戶外活動時，玩水也是一種紓解壓力的方式。此時，飼主務必準備動物專用的毛巾一起帶去。

散發亮麗光澤的被毛很容易出現脫毛的現象，因此飼主必須每天為牠刷毛，除了梳整被毛之外，也要勤加清除脫毛。

奶油色黃金獵犬的成犬。

幼犬。

BREEDING · DATA

身　高…51～61cm

體　重…25～34kg

價　格…10～20萬日圓

原產國…英國（蘇格蘭）

耐寒度

運動量

60分鐘×2次

清潔保養

飼養難易度

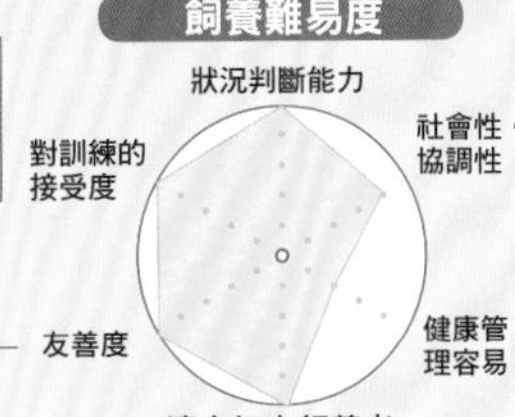

性格 溫和敦厚、和平主義者、喜歡親近小朋友

容易罹患的疾病

眼瞼內翻、髖關節發育不良、白內障、皮膚疾病

傑克羅素㹴

Jack Russell Terrier

犬種號碼 345
小型犬
第3類

是智慧型的殘暴者？
或是滿腦子壞主意的化身？

剛毛傑克羅素㹴的幼犬。

Jack Russell Terrier

活力和能量的結合

無法得知小小的身體裡到底蘊藏著多少活力和能量，正是傑克羅素㹴迷人的魅力之一。與其說傑克羅素㹴的學習能力佳、智商高，或許更應該說是滿腦子壞主意比較貼切吧！如果飼主的視線稍微離開，放牠自己獨處，牠就會開始左顧右盼，尋找可以打發時間的東西，自己玩得很開心。如果只是玩耍倒還沒關係，但如果是惡作劇可就糟糕了。當傑克羅素㹴一旦沉迷其中時，甚至可能會破壞家具。不過，由於接受訓練的領悟力佳，因此只要飼主好好地教導，就會變得很懂事。

幼犬。

毛質方面分成短毛、長毛和剛毛三種類型。短毛傑克羅素㹴的被毛稍硬，容易脫落，雖然不算是容易到處亂飛的輕柔毛質，但是只要牠在室內玩上一陣子，整地都會黏滿狗毛。另外，抱著牠的時候，毛髮也會附著在衣服上。即使每天為牠刷毛清除身上的脫毛，依然無效。而長毛和剛毛傑克羅素㹴的脫毛情況則比較輕微。

短毛傑克羅素㹴的成犬。

BREEDING · DATA

身　高… 25～38cm

體　重… 4.5～6.8kg

價　格…20～35萬日圓

原產國…英國

性格 非常活潑、大膽、喜歡惡作劇

容易罹患的疾病

神經系統疾病、內分泌疾病、皮膚疾病

耐寒度

運動量

30分鐘×2次

清潔保養

飼養難易度

狀況判斷能力

社會性・協調性

健康管理容易

適合初次飼養者

友善度

對訓練的接受度

米格魯

Beagle

犬種號碼 161
小型犬
第6類

廣受全世界喜愛的狗主角

避免成為肥胖的貪吃鬼

米格魯的個性友善，非常喜歡親近主人，也會對其他人表示好感。原本是捕獵兔子和狐狸的獵犬，早於1475年即留下記錄，屬於歷史悠久的犬種。米格魯之所以能夠成為受歡迎的家庭犬，主要是因為美國知名漫畫「史奴比」的主角正是此一犬種，問市之後即成為廣受全世界喜愛的犬種。

身為獵犬，其一邊吠叫一邊追捕獵物的能力，即使已經成為家庭犬仍然不減當年。米格魯低沉響亮的叫聲，往往是居住公寓的飼主煩惱的根源。為了能夠控制米格魯的行為，飼主必須加以訓練，以解決狗狗亂吠的問題。

再者米格魯非常貪吃，看起來就像隨時在尋找食物的樣子。就連外出散步時也不是在欣賞風景，而是以鼻子嗅聞地面尋找可以吃的東西。為了怕吃壞肚子，飼主務必避免愛犬揀食路上的東西。米格魯吃東西時，幾乎沒有咀嚼就直接吞食整塊食物，而且也不太喜歡運動，往往會造成運動不足的情況。因此，飼主務必確實管理其飲食和運動。

幼犬。

BREEDING・DATA

身　高…33～41cm

體　重…18～27kg

價　格…10～20萬日圓

原產國…英國

性格 貪吃、吵鬧、溫和敦厚

容易罹患的疾病

發作性意識障礙、心臟疾病、椎間板疾病、內分泌疾病

耐寒度

運動量

30分鐘×2次

清潔保養

飼養難易度

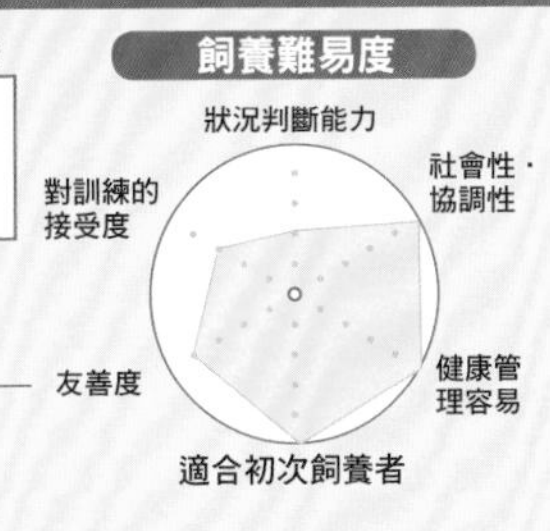

邊境牧羊犬

Border Collie

犬種號碼 297
中型犬
第1類

擁有卓越運動能力的牧羊犬

營造能夠消耗龐大運動量的環境

幼犬。

邊境牧羊犬可說是牧羊犬的代表選手，運動能力卓越，擁有驚人的瞬間爆發力、跳躍能力和飛快的奔馳能力。同時，控制羊群的判斷能力也非常出色。一般做為家庭飼養的話，難以發揮邊境牧羊犬的運動能力和判斷能力；不過在競技比賽或擲飛盤大賽中卻非常活躍，時常是名列前茅的犬種。

個性天真無邪、親和力十足，溫和開朗、有耐心，好奇心強。邊境牧羊犬非常信任主人，任何命令都會服從，因此飼主最重要的，是必須以淺顯易懂的指示，秉持一貫性訓練狗狗。再者，正因為具有卓越的運動能力，因此每天都需要龐大的運動量。一旦運動不足便會累積壓力，有時甚至會破壞物品、變得神經質，或者偷跑出去；因此，飼主必須營造一個能夠每天充份運動的環境和時間。

邊境牧羊犬誕生於蘇格蘭和英格蘭國境附近的諾森伯蘭郡，因接近國境而以「邊境」牧羊犬命名。

BREEDING · DATA

身　高… ♂53cm（♀較♂稍小）
體　重… 14～20kg
價　格… 15～25萬日圓
原產國… 英國（蘇格蘭）

性格 智商高、天真無邪、親和力十足

容易罹患的疾病
關節疾病、眼部疾病、神經系統疾病、重聽、皮膚疾病

耐寒度　運動量　清潔保養
30分鐘×2次

飼養難易度
狀況判斷能力
社會性・協調性
健康管理容易
適合初次飼養者
友善度
對訓練的接受度

北京犬

Pekingese

犬種號碼 207
小型犬
第9類

中國犬種的始祖犬

務必注意食量的攝取

宛如絨毛布偶的北京犬，主要的特徵為扁塌的鼻頭和圓圓的大眼睛，屬於中國原產的犬種。最新的DNA研究報告顯示，北京犬屬於相當古老的犬種，為巴哥犬、西施犬和日本狆犬等犬種的始祖。其實，北京犬的記錄可追溯至西元8世紀的中國唐朝，8世紀以來長期被飼養於中國的宮廷內，身份極為神聖尊貴。

一身蓬鬆、柔順的被毛，容易被誤以為是不擅於運動、喜歡讓人抱在懷中的寵物犬，但是其實北京犬的個性相當謹慎、警戒心強又固執。此外，對家人當然也會溫柔而滿懷愛意。

幼犬。

幼犬。

由於北京犬鼻子扁塌，雖然耐得住嚴寒，卻無法順利藉由換氣來排熱，所以非常怕熱。炎熱的夏天，如果將北京犬關在沒有空調的房間或車內的話，會有立刻中暑的危險。此外，由於北京犬屬於容易肥胖的體質，因此如果飲食管理不當的話，很快就會發胖，而引發心臟方面和椎間板的疾病。北京犬不擅於運動，因此飲食管理顯得更加重要。

BREEDING · DATA

身　高…20cm左右

體　重…♂5kg、♀5.4kg

價　格…15～30萬日圓

原產國…中國

性格 謹慎、警戒心強、固執

容易罹患的疾病

眼部疾病、心臟疾病、腦水腫、椎間板突出、尿道疾病

耐寒度　運動量　清潔保養

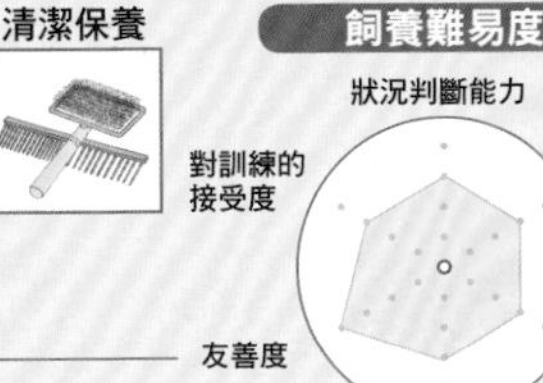

10分鐘×2次

飼養難易度

狀況判斷能力
社會性・協調性
健康管理容易
適合初次飼養者
友善度
對訓練的接受度

美國可卡獵犬

American Cocker Spaniel

犬種號碼 167
中型犬
第8類

庸容華貴的
伴侶犬

American Cocker Spaniel

和藹可親的樂天派

可卡獵犬名稱中的Cocker，指的是一種稱為山鷸的鳥；而可卡獵犬正是追捕這種鳥類出身的獵犬。但是目前已經成為優雅、高貴的伴侶犬，而大受歡迎。雖然外表庸容華貴，可卡獵犬其實個性樂天、親和力十足，對於初次見面的人也會活潑、開朗地示好，緩和對方的情緒。頭腦聰明，進行上廁所和其他教養的訓練通常不會太辛苦。從各方面而言，稱得上是非常適合做為家庭犬的犬種。

但是，健康方面則稍微棘手一點。多數美國可卡獵犬的皮膚都非常脆弱，容易罹患外耳炎、脂漏性皮膚炎或過敏性皮膚炎等，因此飼主對於每天的照料管理必須特別地細心，例如給予優質的飲食和使用無刺激性的沐浴精等。再者，美國可卡獵犬很喜歡到處活蹦亂跳，一旦發生狀況，也許會因此受傷而拖步行走。此時也可能是膝蓋骨脫臼所造成的。如果愛犬發生這種情況時，飼主務必立刻聯絡獸醫。

幼犬。

BREEDING · DATA

身　高…36～38cm
體　重…11～13kg
價　格…10～20萬日圓
原產國…美國

性格 親和力十足、活潑開朗

容易罹患的疾病
過敏性皮膚炎、外耳炎、膝蓋骨脫臼、脂漏性皮膚炎、內分泌疾病、白內障

耐寒度　運動量　清潔保養

運動量：20分鐘×2次

飼養難易度

狀況判斷能力
社會性・協調性
健康管理容易
適合初次飼養者
友善度
對訓練的接受度

波士頓㹴

Boston Terrier

犬種號碼 140
小型犬
第8類

喜愛喧鬧
個性慎重

體型大小分成3等級

雖然承襲英國鬥牛犬的血統，但是波士頓㹴被改良成溫馴、不具攻擊性、優雅又充滿知性的犬種。不過，或許是因為仍保留著目前已絕跡的英國白㹴的基因，波士頓㹴對任何事物都異常地熱衷、入迷。不可思議地，波士頓㹴具有雙重性格，可能剛才還在到處嬉鬧玩耍，但是一轉眼卻開始仔細觀察狀況，經過分析評估後再採取行動。整體而言，波士頓㹴非常友善，對待小朋友也很親切；但相反地，可能也無法期待牠做為一名優秀的看守犬。

幼犬。

波士頓㹴擁有鼻頭扁塌的犬種特有的怕熱體質，容易中暑。飼主務必隨時注意炎夏時的溫度控管，酷熱的日子務必使用空調，切勿將愛犬留置於車內等密閉的空間。

成犬。

波士頓㹴犬種的體重，分成輕量級、中量級和重量級三種等級。在日本，尚無如此嚴謹的分類制度，因此飼主購買時務必確認其血統。

（輕量級：未滿6.8㎏；中量級：6.8㎏以上、未滿9㎏；重量級：9㎏以上、11.35㎏以下）

BREEDING · DATA

身　高…依體重分成3等級

體　重…參照上述部分

價　格…20～50萬日圓

原產國…美國

性格 沉著穩重、溫和、聰敏

容易罹患的疾病

眼部疾病、口蓋裂、心臟疾病、重聽、皮膚疾病

耐寒度

運動量

30分鐘×2次

清潔保養

飼養難易度

狀況判斷能力

社會性・協調性

健康管理容易

適合初次飼養者

友善度

對訓練的接受度

喜樂蒂牧羊犬

Shetland Sheepdog

犬種號碼 88
小型犬
第1類

在嚴峻環境下所誕生的牧羊犬

三色混合喜樂蒂牧羊犬的成犬

體型雖小巧
卻需要大量運動

原產地為位於挪威和蘇格蘭之間的謝德蘭群島，自然環境嚴酷貧瘠，寒風冷冽、一片荒蕪，據說是由當地能忍受粗食、又能控管成群家畜的牧羊犬配種而成的。以家庭犬而言，喜樂蒂牧羊犬充滿知性、對飼主忠心耿耿，同時也能夠耐心地對待小朋友。但是，對家人以外的人則抱持著稍強的警戒心，有時候甚至會亂吠。對於深夜裡不明的聲響或可疑的人影會有所警覺，毫無疑問地，是一名值得信賴的看守犬。在日本，喜樂蒂牧羊犬自古即是人氣犬種，一般被暱稱為喜樂蒂。

由於喜樂蒂牧羊犬承襲自牧羊犬的血統，因此體型小巧，其運動量卻十分驚人，特別是幼犬時期。一旦運動不足的話，就會累積壓力，導致精神狀況不穩定。所以，飼主必須確保每天都能夠給與夠長的散步時間。喜樂蒂牧羊犬好奇心旺盛，外出散步時習慣追逐野貓等動物，因此外出時，飼主務必拉緊牽繩。

黑貂色喜樂蒂牧羊犬的幼犬。

黑貂色喜樂蒂牧羊犬的成犬。

BREEDING · DATA

身　高…33～41cm

體　重…6～7kg

價　格…10～20萬日圓

原產國…英國（謝德蘭群島）

性格 溫柔、抗壓力強、順從

容易罹患的疾病

關節疾病、眼部疾病、髖關節發育不良、重聽、皮膚疾病

耐寒度　運動量　清潔保養

30分鐘×2次

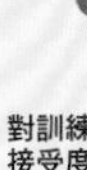

飼養難易度

義大利靈提

Italian Greyhound

犬種號碼 200
小型犬
第10類

感情豐富
態度友善而活力十足

Italian Greyhound

寒冬外出散步時務必穿上禦寒衣物

個性溫和敦厚、溫柔體貼而感情豐富的義大利靈堤，頭腦聰明，容易訓練。對於小朋友或其他寵物的態度都很友善，飼主可以放心。但是，對於陌生人卻無法解除戒心，甚至會流露出膽怯的一面。然而，未來要一起生活下去的話，過度膽小並非好現象，因此自幼犬時期起，飼主務必讓牠和朋友或其他的狗多多接觸，藉以培養其社會性。

義大利靈堤的運動量不大，卻喜歡到處奔跑或者和飼主嬉鬧。但是，義大利靈堤的骨骼纖細，容易因墜地或衝撞等意外而骨折，尤其發生在室內的意外更是屢見不鮮。因為牠會從樓梯或椅子上往下跳，所以飼主務必要多加注意。

幼犬。

雖然義大利靈堤稍微能承受得住炎熱的氣候，不過卻非常怕冷，甚至會冷得直打哆嗦，特別是寒冬外出散步時，飼主最好能夠讓牠穿上愛犬專用的禦寒衣物。

BREEDING · DATA

身　高…32～38cm

體　重…♂♀最重5kg

價　格…20～50萬日圓

原產國…義大利

性格 心地善良、感情豐富、膽怯

容易罹患的疾病

眼部疾病、骨折、癲癇、皮膚疾病

耐寒度

運動量

30分鐘×2次

清潔保養

飼養難易度

狀況判斷能力

社會性·協調性

健康管理容易

適合初次飼養者

友善度

對訓練的接受度

鬥牛犬

Bulldog

犬種號碼 149
中型犬
第2類

需要細心呵護的鬥犬
未來會再更苗條嗎!?

紅色鬥牛犬的幼犬。

今後改良的體型將會是……？

表情凶悍、體型笨重的鬥牛犬，全身皺巴巴的睡姿，甚至令人感覺詼諧，其個性非常愛撒嬌，經常需要飼主的細心呵護，而且頭腦聰明，總是冷靜地觀察周遭狀況，但是由於非常頑固，因此對於自己無法認同的事物，完全不會採取行動。

原本是為了鬥牛而培育出來的鬥犬，1835年英國明文禁止鬥牛之後，便逐漸失去其存在的價值。但是，經過愛犬人士的努力改良之後，終於得以繼續保存下來，性格也不再凶殘而變得更加溫柔，因而成為現今的人氣犬。近年來，由於體型上的健康問題時有所聞，像是體重過重造成腰部和四肢的負荷，以及生產時胎兒頭部過大而必須剖腹生產等等，於是繁殖專家傾向今後將為目前的體型稍微再改良得苗條一點。

以目前的鬥牛犬而言，健康上因鼻頭扁塌而有怕熱的問題，此外，皮膚也非常脆弱敏感，至於其臉部的皺褶則務必勤加清潔。

紅色鬥牛犬的幼犬。

斑紋色鬥牛犬的成犬。

BREEDING · DATA

身　高… 31～36cm

體　重… 23～25kg

價　格…20～50萬日圓

原產國…英國

性格 安靜、溫和敦厚、忍耐力強

容易罹患的疾病

眼部疾病、口蓋裂、呼吸器官疾病、神經系統疾病、重聽、尿石症、皮膚疾病

耐寒度　運動量　清潔保養

10分鐘×2次

飼養難易度

狀況判斷能力　社會性・協調性　健康管理容易　適合初次飼養者　友善度　對訓練的接受度

伯恩山犬

Bernese Mountain Dog

犬種號碼 45
大型犬
第2類

能夠隨機應變
值得信賴的看守犬

需要長時間的散步釋放過人的體力

伯恩山犬總是自信滿滿，令人信賴，頭腦聰明，會透過自我判斷隨機應變。此外，個性溫柔、機靈，喜歡和小朋友玩，能夠忠誠地守護主人與家園，是很優秀的看守犬。假如有可疑人物進入屋內，伯恩山犬絕對不會攻擊對方，而是發出低吼大聲通知飼主。另外，牠也能夠和其他的寵物和睦相處，稱得上是相當不錯的家庭犬。但是，由於其體力過人，飼主必須有心理準備得每天長時間陪牠外出散步。

幼犬時期的伯恩山犬是個調皮、淘氣的搗蛋鬼，不過長大之後，卻越來越有韌性、越來越穩重。因為充滿自信，所以能完全無視其他狗的挑釁。

伯恩山犬的身體還算健康，但是仍然會出現大型犬特有的髖關節發育不良和眼部疾病等症狀。此外，身處高溫潮濕的日本，務必留意皮膚疾病的感染。炎炎夏日，飼主應該利用空調冷氣做好溫度的控管，絕對不可以將愛犬留置在車內。

幼犬。

BREEDING・DATA

身　高…58～70cm

體　重…40～44kg

價　格…13～25萬日圓

原產國…瑞士

性格 大膽、氣勢威嚴

容易罹患的疾病

眼部疾病、髖關節發育不良、腎臟疾病、皮膚疾病

耐寒度

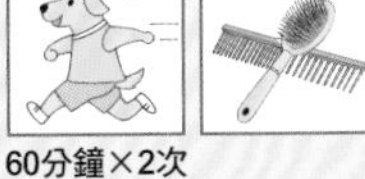

運動量

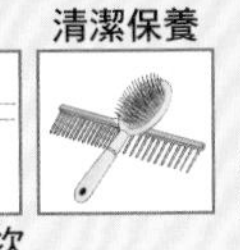

60分鐘×2次

清潔保養

飼養難易度

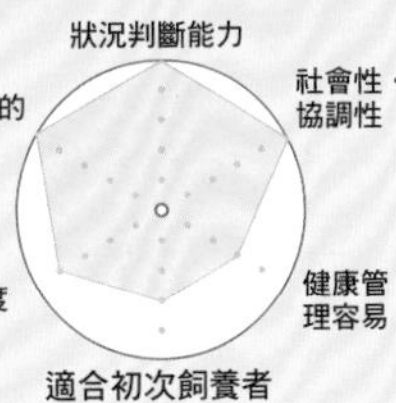

西部高地白㹴

West Highland White Terrier

犬種號碼 85
小型犬
第3類

活潑開朗的
雪白㹴犬

聰明伶俐 卻不易訓練

幼犬。

一般人暱稱為「Westie」的雪白㹴犬，個性活潑開朗、隨心所欲，是一個好奇心旺盛的搗蛋鬼，經常精神奕奕地到處尋找有趣的事物。不過，也有好勝、急躁和頑固的一面，一旦被迫從事不喜歡的工作，可能會對主人的要求置之不理；面對陌生人時，也很容易讓牠產生戒心而大聲狂吠，其中要注意避免的是狗狗可能會突然凶性大發而有咬傷小朋友的危險。

西部高地白㹴聰明伶俐，卻因頑固的性格作祟，而使得訓練變得相當棘手。訓練的秘訣在於，飼主必須耐心地配合狗狗的步調，並在不傷害狗狗的自尊心之下反覆進行訓練，一旦成功就應該大大地給予讚美。

基本上西部高地白㹴算是滿健康的犬種，但有些也可能會因慢性皮膚炎或大腿骨的血液循環不良，而引發產生壞疽的股骨頭缺血性壞死症、心臟疾病、重聽等症狀，因此最好能先帶愛犬至動物醫院接受健康檢查。

BREEDING · DATA

身　高…25.5～28cm

體　重…7～10kg

價　格…15～25萬日圓

原產國…英國（蘇格蘭）

耐寒度　運動量　清潔保養

30分鐘×2次

性格 活潑、隨心所欲、急躁、頑固

容易罹患的疾病

犬顫症、心臟疾病、重聽、皮膚疾病、股骨頭缺血性壞死症

飼養難易度

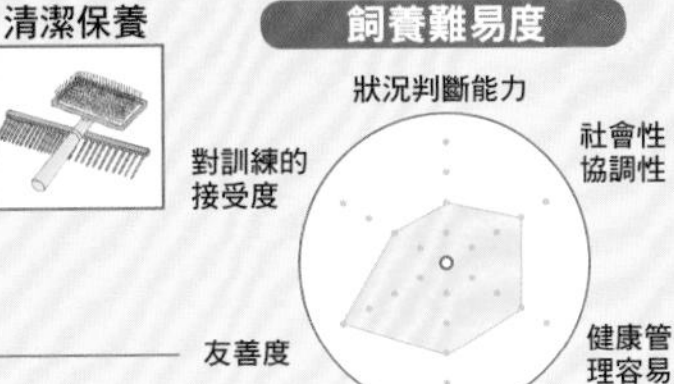

狆犬

Japanese Chin

犬種號碼 206
小型犬
第9類

日本第一隻世界公認的犬種
做為室內犬飼養的犬種

Japanese Chin

以往飼養於榻榻米上的室內犬

狆犬是日本首隻獲得世界公認的犬種，不過相傳源自於中國，是古時候傳入日本的犬種。《日本書紀》（720年完成）和《續日本紀》（787年完成）等史料都可找到被視為是狆犬的狗的記載。江戶時代在大奧（譯註：是日本德川幕府將軍的生母、正室、側室和各女官的住處）和大名（譯註：日本古時封建制度對領主的稱呼）之間開始流行飼養狆犬，在1853年乘坐黑船渡海而來的美國東印度艦隊司令馬修·培里將軍將之帶回英、美後，在歐美各國間知名度大開。

由於是飼養於室內的珍貴犬種，因此以「犬字邊加上中」的「狆」字命名。狆犬沒有脫毛和體臭的現象，也完全不會亂咬東西、惡作劇或破壞家具。個性非常溫馴，喜歡親近主人，甚至對陌生人也會表示好感，是做為室內犬飼養的人氣犬種。

由於鼻頭扁塌，排熱功能不佳，因此炎炎夏日帶狗狗外出或讓狗狗看家時，務必打開空調，絕對不可以將牠留置在車內。

幼犬。

幼犬。

BREEDING · DATA

身　高…♂25cm（♀較♂稍小）

體　重…2～3kg

價　格…12～25萬日圓

原產國…日本

性格 安靜、非常沉著穩重

容易罹患的疾病

寰椎軸椎半脫位、眼部疾病、皮膚疾病

耐寒度

運動量

清潔保養

10分鐘×1次

飼養難易度

狀況判斷能力

社會性・協調性

健康管理容易

適合初次飼養者

友善度

對訓練的接受度

日本狐狸犬

Japanese Spitz

犬種號碼 262
中型犬
第5類

容易飼養的
改良狐狸犬

會安然自若地對主人撒嬌

昭和30年代，日本狐狸犬是極受歡迎的犬種。但是在大肆的濫繁殖下，反而變得愛亂吠，而被貼上吵鬧的狗的標籤。狐狸犬的名稱源於俄羅斯語，為「火燄」之意，因為狐狸犬的基因裡存在著像著了火一樣愛吠的特性，而愛亂吠的狗，下場當然是遭人棄養。

但是，近年來日本狐狸犬經過改良之後，變得更加溫和，也不再亂吠了。個性方面，親和力十足、好奇心旺盛、天真無邪，尤其喜歡黏著全心信賴的主人，安然自若地撒嬌。在家裡，也會對不明聲響有所反應，因此也能夠扮演好看守犬的角色。

日本狐狸犬經過改良，性格已經變得比較容易飼養，但是豐盈的被毛一樣沒有改變。尤其是容易脫毛的初春和新長冬毛的秋末，飼主務必仔細地刷毛。這時可利用刷毛梳整被毛，防止產生毛球。

幼犬。

BREEDING · DATA

身　高… ♂30～38cm（♀較♂稍小）

體　重… 5～6kg

價　格… 10～20萬日圓

原產國… 日本

性格 活潑開朗、愛玩、非常怕生

容易罹患的疾病

皮膚疾病

耐寒度　運動量　清潔保養

30分鐘×2次

飼養難易度

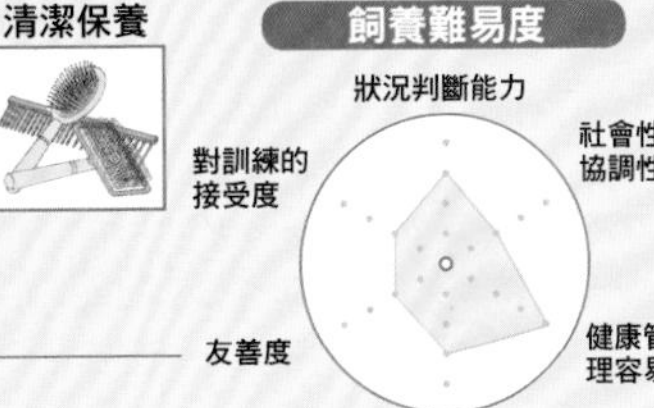

西伯利亞哈士奇犬

Siberian Husky

犬種號碼 270
大型犬
第5類

經歷過一段悲劇過去的雪橇犬

Siberian Husky

也教飼主學會了一些事的狗

幼犬。

銳利的眼神、如狼一般的姿態，讓西伯利亞哈士奇犬曾經在日本掀起一股風潮。但是因為大受歡迎的關係，許多飼主在不瞭解哈士奇犬的情況下，就跟著趕流行開始飼養，結果哈士奇犬因不適應日本的環境，養成亂吠或偷跑出去的習慣，而讓為此所苦的飼主將哈士奇犬丟到山上棄養。這正是哈士奇犬在日本發生的悲劇。

距哈士奇犬的悲劇，大約已經經過20年了。現在，哈士奇犬的人氣又再度升高。不過這一次，多數的飼主都已經非常瞭解哈士奇犬，也比較懂得如何進行訓練了，因此悲劇也不再重演。

西伯利亞哈士奇犬對於信任的飼主，會非常活潑、親切和順從，屬於凡事「船到橋頭自然直」的樂天派，往往會忽略痛苦、艱辛的現實而選擇儘早遺忘，因此也相當不容易訓練。另外，為了消耗龐大的運動量，每天長時間的散步也是不可或缺的活動。

BREEDING · DATA

身　高…50.5～60cm

體　重…15.5～28kg

價　格…8～18萬日圓

原產國…俄羅斯

性格 活潑開朗、對飼主忠誠、樂天

容易罹患的疾病

甲狀腺機能亢進、外耳炎、膝蓋骨脫臼、脂漏性皮膚炎、白內障

耐寒度

運動量

60分鐘×2次

清潔保養

飼養難易度

狀況判斷能力

社會性・協調性

健康管理容易

適合初次飼養者

友善度

對訓練的接受度

捲毛比熊犬

Bichon Frise

犬種號碼 215
小型犬
第9類

肌肉發達的
絨毛犬

要做好被毛保養的心理準備

捲毛比熊犬的名字在法語中，是「以捲毛裝飾」之意，狗如其名，其底層毛濃密而柔軟，而覆蓋其上的表層毛則略微捲曲，走起路來宛如一團蓬鬆的羽毛，而其柔軟滑順的觸感，就像有種撫慰人心的力量。

幼犬。

但是如此柔軟滑順的被毛底下，卻隱藏著結實、強壯的肌肉，身體非常地健康。捲毛比熊犬活潑開朗，充滿活力地跑來跑去。個性獨立，不會對陌生人示好，隨時提高警覺，因此也能夠勝任看守犬的任務。

捲毛比熊犬幾乎沒有脫毛和體臭的現象，和貴賓狗一樣，體質過敏者也能夠安心飼養，屬於聰明、容易訓練的犬種。同時也具有良好的社會性，能夠和其他寵物相處融洽。

但是保養被毛的工作一點也不輕鬆。蓬鬆的被毛容易糾結在一起，即使每天刷毛也會產生毛球。形似爆炸頭的模樣，雖然也是其吸引人的魅力之一，但是飼養之前，飼主必須在被毛的保養上先做好心理準備。

BREEDING · DATA

身　高… 24～29cm
體　重… 3～6kg
價　格… 18～25萬日圓
原產國… 法國

性格 開朗溫柔、感受性豐富、聰明

容易罹患的疾病
關節疾病、皮膚疾病

耐寒度

運動量
10分鐘×2次

清潔保養

飼養難易度
狀況判斷能力
社會性·協調性
健康管理容易
適合初次飼養者
友善度
對訓練的接受度

英國可卡獵犬

English Cocker Spaniel

犬種號碼 5
中型犬
第8類

善於判斷
周遭的狀況

English Cocker Spaniel

雖然愛撒嬌 但忍耐心強

和美國可卡獵犬一樣，英國可卡獵犬原本也是活躍於山鷸獵捕的獵鷸犬，因此運動量非常的可觀。若是公寓的居家環境，可能不太適合飼養。不過，由於英國可卡獵犬機靈，對訓練的領悟力高，因此只要飼主好好教導的話應該沒有問題。

個性活潑開朗、感情豐富。感覺上，英國可卡獵犬在面對陌生人時，與其說是有警戒心，倒不如說是以拘謹的態度在察言觀色。

英國可卡獵犬對家人是很撒嬌的，但是有時候也會視情況而忍住不撒嬌，如果此時飼主能夠察覺到這個情況而好好疼牠的話，往往能讓牠非常高興。

健康方面，除了屬於垂耳之外，雙耳上還有裝飾毛，特別在夏季更應該多注意耳朵內的清潔。同時也務必勤加檢查裝飾毛是否沾染髒污。如果耳朵內部過度骯髒的話，可能會引發外耳炎。由於英國可卡獵犬容易罹患皮膚疾病，因此有時候也必須檢查一下皮膚的狀況。

幼犬。

BREEDING · DATA

身　高…38～41cm
體　重…12.5～14.5kg
價　格…15～25萬日圓
原產國…英國

性格 活潑開朗、沉著穩重、自制力強

容易罹患的疾病
外耳炎、白內障、皮膚疾病

耐寒度

運動量
30分鐘×2次

清潔保養

飼養難易度
狀況判斷能力
社會性・協調性
健康管理容易
適合初次飼養者
友善度
對訓練的接受度

凱恩㹴

Cairn Terrier

犬種號碼 4
小型犬
第3類

㹴犬中的㹴犬

Cairn Terrier

不適合養在飼主經常不在家的家庭

充滿活力的凱恩㹴，被稱為是㹴犬中的㹴犬，個性活潑開朗、熱衷於發現新鮮事物，非常喜歡對家人撒嬌。也因此不擅於獨自看家，對於經常無人在家或人口出入頻繁的家庭，可能會變成愛亂吠、神經質的狗，因此務必多加注意。此外，其自我勢力範圍的意識強烈，一旦發現可疑人物，便會激烈地挑釁對方，因此非常適合做為看守犬。有時候對飼主的朋友也可能保持警覺而不斷吠叫，因此必須先訓練牠能夠聽從飼主的指示。

凱恩㹴屬於容易肥胖的體質，一旦飲食和運動量失衡，體重就會立刻增加。本性活潑的凱恩㹴，一旦散步或遊戲的份量不足就會發胖。飼主務必先瞭解愛犬的標準體重為何，並且透過體重的增減進行健康管理。此外，因眼部疾病或過敏而引發的皮膚病，是凱恩㹴常見的問題。眼部疾病部分，可藉由清除蓋到眼睛的被毛來預防；用心瞭解其飲食的種類，即可預防肥胖。

幼犬。

BREEDING · DATA

身　高…28～31cm
體　重…6～7.5kg
價　格…15～25萬日圓
原產國…英國（蘇格蘭）

性格　活潑開朗、極為沉著穩重

容易罹患的疾病
眼部疾病、皮膚疾病

耐寒度　運動量　清潔保養

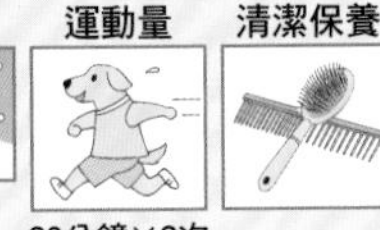

20分鐘×2次

飼養難易度

中國冠毛犬

Chinese Crested Dog & Powder Puff

犬種號碼 288
小型犬
第9類

原產於中國
卻是非洲原產貝生吉犬的親戚

雖屬於同一犬種 模樣卻完全不同

Chinese Crested Dog & Powder Puff

至今仍然有人認為中國冠毛犬可能是原產於墨西哥的無毛犬或吉娃娃等犬種的近親，不過根據近年的DNA研究報告顯示，非洲的貝生吉犬才是與其血緣最近的親戚。推測其祖先應該是中國商船自非洲帶回的無毛㹴。

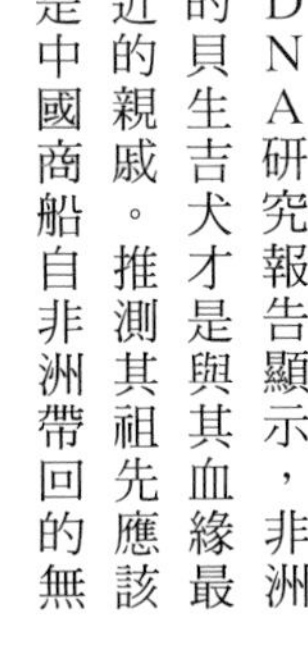

粉撲犬的幼犬。

中國冠毛犬外表華麗、可愛，但是卻生性膽小、畏縮。因此當陌生人接近時便會大聲吠叫，或者縮起尾巴躲在主人的身後。雖然屬於「在家一條龍，出外一條蟲」的個性，但是很喜歡對主人撒嬌、示好。

沒有被毛覆蓋的皮膚，夏天時最好能塗抹防曬乳以保濕皮膚，或者讓愛犬穿上專用的衣物。平時不妨在其身上塗抹潤膚乳來保養皮膚。因種類不同，另有被毛蓬鬆、能讓人聯想到小型阿富汗獵犬的粉撲犬。兩者在認證上屬於同一犬種，外形卻完全不一樣。

稱為粉撲犬的長毛種。

BREEDING・DATA

身　高…23～33cm

體　重…5.5kg以下

價　格…20～50萬日圓

原產國…中國

性格 略微膽怯、自尊心強、我行我素

容易罹患的疾病

心臟疾病、皮膚疾病

耐寒度　運動量　清潔保養

10分鐘×2次

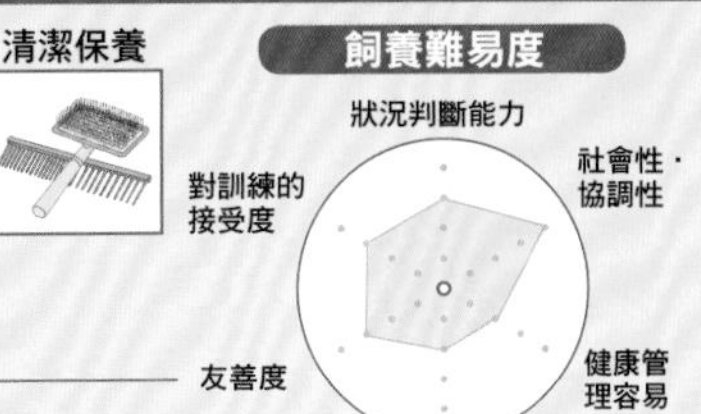

平毛拾獵犬

Flat-Coated Retriever

犬種號碼 121
大型犬
第8類

優雅的黑色獵犬

Flat-Coated Retriever

年邁之後仍能保有一顆赤子之心

其烏黑亮麗的被毛、優雅的步伐和美好的體態，絲毫不亞於黃金獵犬或拉布拉多獵犬。體型依體系分為結實、精壯的骨架粗大型和苗條型兩種類型，不過兩者的個性並沒有差別。

雖然在日本的人氣不及黃金獵犬和拉布拉多獵犬，但能力卻完全不遜色。非常喜歡有趣的事物，可以和任何人愉快地打成一片，完全不怕生。黃金獵犬和拉布拉多獵犬出生2～3年後，個性會變得沉穩、冷靜，相對於此，平毛拾獵犬年邁後，仍能保有一顆純真的赤子之心。由於平時沉穩、順從，溫柔體貼，因此能耐心地和小朋友相處，無疑是最完美的家庭犬。當然，警覺性也很高，可以勝任守護家園的重責大任。

但遺憾地，平毛拾獵犬容易罹患大型犬特有的先天性髖關節疾病，因此在購買時，最重要的是仔細確認其血統來源。另外亦容易罹患皮膚疾病，因此務必勤加檢查其皮膚的狀況。

幼犬。

BREEDING · DATA

身　高	…56.5～61.5㎝
體　重	…25～36kg
價　格	…18～25萬日圓
原產國	…英國

性格　活潑開朗、溫柔體貼、聰明

容易罹患的疾病

髖關節疾病、皮膚疾病

耐寒度

運動量

60分鐘×2次

清潔保養

飼養難易度

狀況判斷能力

社會性・協調性

健康管理容易

適合初次飼養者

友善度

對訓練的接受度

杜賓犬

Doberman Pinscher

犬種號碼 143
大型犬
第2類

透過正確適當的訓練
成為優秀的家庭犬

沒有斷尾、剪耳的杜賓犬。

Doberman Pinscher

天生自然的姿態 優雅和善

杜賓犬大多飼養於豪宅、難以親近、個性凶猛等印象深植人心，不過其實牠的個性非常調皮、愛撒嬌，十分天真無邪。如果杜賓犬能夠在充滿愛、溝通良好的環境之下成長的話，肯定會成為順從又穩重的家庭犬。由於好奇心旺盛、對各種訓練的領悟力高，因此只要飼主耐心教導，很快就能夠學會各種訓練。

若要進一步培養成為萬能的看守犬的話，只要進行更嚴格、正確且適當的訓練，以後飼主一有什麼動作時，都能讓杜賓犬靈敏地反應。

已接受斷尾和剪耳的杜賓犬。

提到杜賓犬，不難令人聯想到其註冊商標——尖聳的雙耳和短小的尾巴。不過，那已經是接受過剪耳和斷尾處理之後的模樣了，原本應該是擁有一雙下垂的圓耳和末端細長的尾巴。目前，歐洲國家已經明文禁止犬隻進行非醫療需要的剪耳和斷尾，而日本也持續在推動。杜賓犬天生優雅的姿態，更能贏得眾人的好感。

幼犬。

BREEDING・DATA

身　高…61～71cm

體　重…30～40kg

價　格…20～30萬日圓

原產國…德國

性格 溫和敦厚、好奇心旺盛、聰明

容易罹患的疾病

關節疾病、皮膚疾病

耐寒度　運動量（60分鐘×2次）　清潔保養

飼養難易度：狀況判斷能力、社會性・協調性、健康管理容易、適合初次飼養者、友善度、對訓練的接受度

大麥町犬

Dalmatian

犬種號碼 153
大型犬
第6類

身世成謎的古代犬
非常受到小朋友喜愛

Dalmatian

白底黑點的模樣 活力十足

以白底黑點為註冊商標的大麥町犬，關於其身世來源完全不明。不過，據說自古代開始便跟隨著吉普賽人到處流浪，此一論點可從古埃及的壁畫和西元1360年代的義大利畫作中保留了其身影而獲得證實。

幼犬。

大麥町犬充滿好奇心，對於感興趣的事物會非常投入。對飼主忠心耿耿，但是玩心重、好動，有種坐不住的感覺，由於體力充沛、持久力高，因此每天需要長時間的散步和運動。大麥町犬身為電影「一〇一忠狗」裡的主角，非常受到小朋友喜愛，但是活力十足的大麥町犬，小朋友根本無法獨力帶牠外出散步，可能會因為狗狗暴衝而造成意外，飼主務必注意。

剛出生的大麥町幼犬全身潔白，完全沒有出現黑色斑點的招牌標誌，但是隨後就會慢慢地浮現出淺淺的斑點，直到出生3個月後斑點才會比較明顯。

大麥町犬和阿帕魯薩馬。

攝影協助 / EQUUS RIDING FARM

BREEDING・DATA

- 身　高… 54～61cm
- 體　重… 24～32kg
- 價　格… 10～20萬日圓
- 原產國… 前南斯拉夫（達爾馬西亞）

性格 好奇心旺盛、略神經質

容易罹患的疾病

尿道疾病、皮膚疾病

耐寒度　運動量　清潔保養

60分鐘×2次

飼養難易度

狀況判斷能力／社會性・協調性／健康管理容易／適合初次飼養者／友善度／對訓練的接受度

蘇俄牧羊犬

Borzoi

犬種號碼 193
大型犬
第10類

美麗優雅
總能吸引四周的目光

藉由訓練發揮魅力

蘇俄牧羊犬存在感十足，說是超越了「狗」的框架一點也不為過。近年來，繁華的都市街頭上，不時可見訓練良好的蘇俄牧羊犬穿梭其中，周遭的人們無不投以羨慕的眼光。

氣質出眾卻面無表情的蘇俄牧羊犬，外表看起來不容易親近，但是卻會安然自若地向心愛的家人撒嬌，如此的落差著實令人難以想像。另外，如同蘇俄牧羊犬的名字borzoi在俄語中為「俊秀敏捷」之意，其悠閒漫步、被毛搖曳生姿的模樣令人陶醉。

如此高雅的犬種，應該由經驗豐富、有能力好好訓練的人來飼養，決非初次飼養者可以勝任的犬種。即便是經驗豐富的人，若有無法應付的部分，最好能夠考慮將愛犬交由專業的訓練師訓練。

至於健康方面，蘇俄牧羊犬容易引起胃扭轉，甚至危及生命的案例不在少數。平時應該儘量避免餵食堅硬的食物，切勿一天只餵食一餐，而是應該分成數次適量餵食，並嚴禁在飯後進行激烈的運動。

BREEDING・DATA

身　高…68～85cm以上

體　重…26～48kg

價　格…20～30萬日圓

原產國…俄羅斯

性格 對飼主坦率而順從、對陌生人有戒心

容易罹患的疾病

胃扭轉

耐寒度

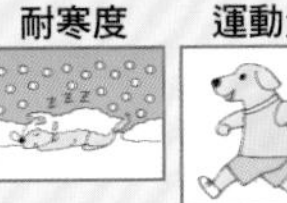

運動量

60分鐘×2次

清潔保養

飼養難易度

狀況判斷能力

社會性・協調性

健康管理容易

適合初次飼養者

友善度

對訓練的接受度

剛毛獵狐㹴

Wire Fox Terrier

犬種號碼 169
小型犬
第3類

活力充沛又可愛
面無表情的搗蛋鬼

Wire Fox Terrier

就是讓人無法移開視線

在所有的㹴犬中，剛毛獵狐㹴屬於會流露出精神飽滿、頑皮一面的犬種。剛毛獵狐㹴走路的姿態非常挺拔，面無表情地漫步的模樣，非常英勇威嚴。不過只要啟動身上的開關，就會充滿活力地活蹦亂跳，甚至讓飼主束手無策。當然，當牠安靜下來時，也會向飼主撒嬌或眼巴巴地等著飼主陪牠玩。

相反地，當剛毛獵狐㹴表現得過度安靜時，可能是牠心裡在盤算著什麼，或是正在熱衷於破壞的當頭，因此飼主務必隨時注意其動向。

由於警戒心強，可能會對其他人或狗出現突然攻擊或啃咬的舉動，因此飼主務必非常小心，飼養的關鍵在於飼主對狗狗的掌控度。

剛毛獵狐㹴嘴巴四周的被毛容易弄髒，飯後最好能夠養成擦臉的習慣。另外，山羊鬍似的嘴毛，應該以臉部專用的扁梳加以梳整。

部分剛毛獵狐㹴會罹患遺傳性癲癇，因此購買幼犬時，飼主務必先仔細確認其血統來源。

幼犬。

BREEDING · DATA

身　高…♂39cm（♀較♂稍小）
體　重…8.25kg（♀較♂稍輕）
價　格…15～30萬日圓
原產國…英國

耐寒度　運動量　清潔保養

30分鐘×2次

飼養難易度

狀況判斷能力、社會性・協調性、健康管理容易、適合初次飼養者、友善度、對訓練的接受度

性格 活潑開朗、活力充沛、對飼主非常順從

容易罹患的疾病
關節疾病、眼部疾病、皮膚疾病

德國牧羊犬

German Shepherd Dog

犬種號碼 166
大型犬
第1類

對人類社會
扮演著重要角色的狗

需要充滿愛的訓練

德國牧羊犬擁有超凡的運動能力和學習能力，雖然原為牧羊犬，但是後來扮演著警犬、軍用犬、導盲犬等角色，對人類社會貢獻良多。另一方面，如同人家說「未接受訓練的牧羊犬不算是牧羊犬」，其能力是藉由訓練才能綻放的。德國牧羊犬智商高，容易訓練，而且訓練的肯定是高階的內容。因此，飼養者必須是經驗豐富的人，務必建立互信的關係，同時也必須擁有可以充分反覆訓練的時間和體力。因此，德國牧羊犬不適合初次飼養者冒然飼養。

德國牧羊犬自幼犬時期起，個性就顯得比較沉穩。雖然訓練也很重要，但是滿懷著愛教導牠學習如何適應社會也同樣重要。

由於德國牧羊犬發現不明聲響或可疑人影時會立刻有所反應，因此可以成為優秀的看守犬。不過有時候也可能具有相當程度的攻擊性，因此飼主必須先訓練愛犬能夠聽從飼主的制止。

幼犬。

BREEDING · DATA

身　高…55～65cm

體　重…26～38kg

價　格…20～40萬日圓

原產國…德國

性格 具有高度智力、對飼主非常忠誠

容易罹患的疾病

關節疾病、髖關節發育不良

耐寒度

運動量

60分鐘×2次

清潔保養

飼養難易度

狀況判斷能力

社會性・協調性

健康管理容易

適合初次飼養者

友善度

對訓練的接受度

蘇格蘭㹴

Scottish Terrier

犬種號碼　45
小型犬
第3類

可建立深厚的信任關係 固執的哲學家

極具深度品味的性格

Scottish Terrier

蘇格蘭㹴宛如哲學家的外貌，與短腿扭腰擺臀的模樣落差甚大，煞是可愛。除了深受美國總統的喜愛，同時也是受到世人喜愛的犬種。

但是個性頑固、自視甚高，一旦飼主的命令有違自我判斷時，會固執地不聽話，或是因為無法認同的事情而挨罵時，也會厚顏地裝出一付「事不關己」的表情，因此蘇格蘭㹴通常不容易接受訓練。此時飼主必須發揮耐心與努力，耐著性子進行訓練。

若能為彼此建立深厚的信任關係的話，蘇格蘭㹴對於心愛的主人會非常體貼、順從，屬於相處越久、越能夠與人交心的犬種，個性反而不太像狗，是種不可思議的狗。

BREEDING・DATA

身　高…25.4～28cm
體　重…8.6～10.4kg
價　格…15～25萬日圓
原產國…英國（蘇格蘭）

性格 聰敏、冷靜又固執

容易罹患的疾病
過敏、痙攣

耐寒度

運動量

30分鐘×2次

清潔保養

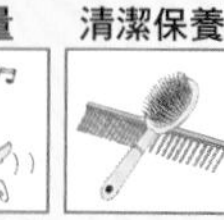

飼養難易度
狀況判斷能力
社會性・協調性
健康管理容易
適合初次飼養者
友善度
對訓練的接受度

大白熊犬

Pyrenean Mountain Dog

犬種號碼 137
大型犬
第2類

大型又大氣、全身雪白的狗 別名為庇里牛斯山犬

Pyrenean Mountain Dog

常有流口水和脫毛問題是煩惱的根源

大白熊犬正如其名，雪白的龐大身軀極具壓迫力，存在感十足。其他的狗看到大白熊犬也會不自覺地讓路，而牠卻只是無動於衷地緩緩前行。體型碩大，個性卻非常溫柔，不僅是對家裡的人，對於其他一同生活的寵物（例如貓等），也會溫柔地看顧著牠們。但是其本身亦有大型犬特有的惱人之處，即是流口水的問題。大白熊犬的嘴角時常掛著口水，如果放任不管的話，最後整個房間都會沾滿牠的口水。因此飼主最好能在牠的頸部圍上大手帕等當作「圍兜」。此外，換毛期會出現大量脫毛現象，為了儘量減少脫毛，飼主務必每天為愛犬刷毛，清除其身上的脫毛。

幼犬。

BREEDING · DATA

身　高…63～81㎝
體　重…39～57kg
價　格…12～25萬日圓
原產國…庇里牛斯山一帶

性格 冷靜、忍耐力強、溫和敦厚

容易罹患的疾病
關節疾病

耐寒度　運動量　清潔保養

60分鐘×2次

飼養難易度

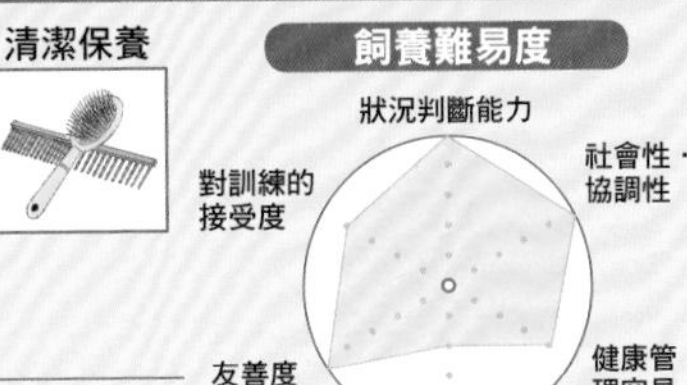

諾福克㹴

Norfolk Terrier

犬種號碼 272
小型犬
第3類

溫馴的㹴犬

Norfolk Terrier

務必注意其強烈的嫉妒心

諾福克㹴體型小巧、精力充沛又好動，性格開朗，屬於比較樂天的犬種。雖被歸類為喧鬧的㹴犬類，但並非是激亢型的個性，好奇心旺盛，卻有種還算乖巧的特質。喜歡和小朋友玩耍，而受到家人呵護是牠最幸福、最滿足的時刻。因此若長時間不理會牠，或是去疼愛其他的狗，可能就會發脾氣地大聲吠叫，或者在院子裡到處挖洞洩憤。

諾福克㹴稍長的硬被毛容易清潔保養，飼主務必每天梳整愛犬的被毛以清除脫毛，尤其是覆蓋住眼睛和嘴巴四周的被毛容易弄髒，更應該勤加清潔保養。

基本上，諾福克㹴屬於健康的犬種。但是仍要注意膝蓋骨脫臼的問題，另外亦容易出現心臟方面的疾病，因此最好能讓愛犬先在動物醫院接受健康檢查。

BREEDING · DATA

身　高…♂23~25.5cm（♀較♂稍小）
體　重…5～5.5kg
價　格…未定
原產國…英國

性格 活潑開朗、好奇心旺盛

容易罹患的疾病
發作性意識障礙、膝蓋骨脫臼、心臟疾病、椎間板疾病、尿道疾病

耐寒度　運動量　清潔保養

20分鐘×2次

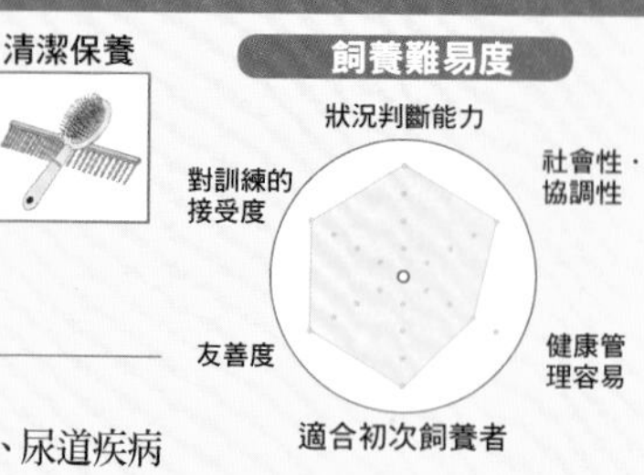

惠比特犬

Whippet

犬種號碼 162
中型犬
第10類

奔馳的姿勢 柔軟如鞭

最喜歡待在飼主的腳邊

惠比特犬的名字乃英文的「鞭」（whip）之意，不免讓人聯想到其奔跑時柔軟如鞭的流線型姿勢。由義大利靈猩和其他犬類混種而成，因此也承襲了靈猩的速度，奔跑時的速度最高可達時速60公里。

惠比特犬感情豐富、非常忠誠，凡事均以主人為優先。惠比特犬總是跟隨在飼主的身邊，牠認為那是全世界最幸福的所在。順從，也是惠比特犬的魅力之一。頭腦聰明，容易訓練。

短被毛的清潔保養非常簡單。惠比特犬身上幾乎沒有體臭的現象，飼主只要每天以獸毛刷為牠刷毛來按摩身體，並定期沐浴清潔，被毛就會柔順亮麗。健康方面並沒有太大的問題，不過極少數的惠比特犬會有遺傳性的眼部疾病。

BREEDING · DATA

身　高…46～56cm
體　重…13kg
價　格…13～25萬日圓
原產國…英國

耐寒度　運動量　清潔保養

30分鐘×2次

性格 對飼主順從、忠誠、感情豐富

容易罹患的疾病
眼部疾病、口蓋裂、皮膚疾病

飼養難易度

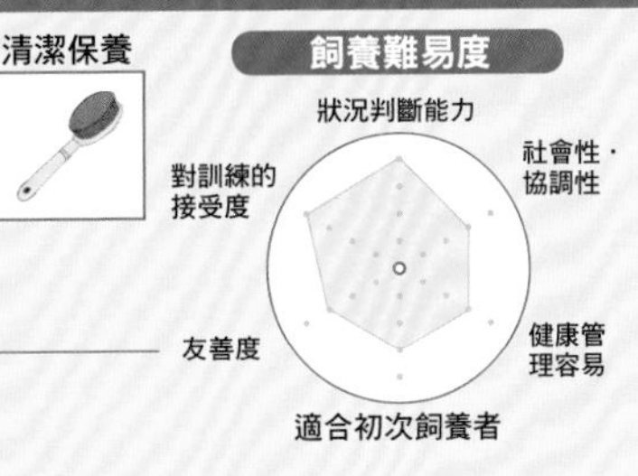

羅威納犬

Rottweiler

犬種號碼 147
大型犬
第2類

看似凶狠
其實性格沉著穩重

須借助運動維持體型

Rottweiler

電影中經常以凶狠的警犬扮相登場的羅威納犬，外表凶悍，令人難以親近。但是其實個性非常沉著穩重，加上學習能力強，能夠確實完成各項訓練，而且非常地盡忠職守。另外，羅威納犬也有愛撒嬌、溫柔的一面，是小朋友的最佳玩伴。另一方面，其警戒心強，會為了保護家人而勇敢地對抗不速之客。此外，羅威納犬極能忍受疼痛，遇到緊急狀況時，會是最強悍的鬥士。因此，對飼主而言，可說是完美的看守犬。

羅威納犬平時非常安靜，但是為了維持其結實、精壯的體型，每天需要龐大的運動量。只要能夠有運動的機會，也可以在公寓等集合住宅內飼養。

BREEDING · DATA

身　高…56～69cm
體　重…41～59kg
價　格…20～30萬日圓
原產國…德國

耐寒度　運動量　清潔保養

60分鐘×2次

性格　溫柔體貼、凡事以飼主為重、頭腦聰明

容易罹患的疾病
關節疾病

飼養難易度

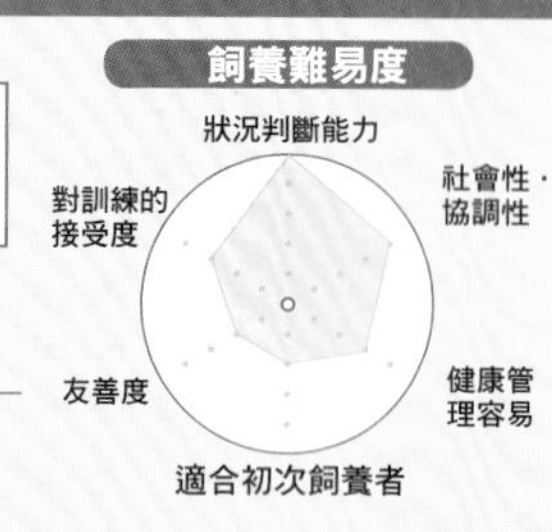

布魯塞爾格里芬犬

Brussels Griffon

犬種號碼 80
小型犬
第9類

日本註冊為三種犬種

Brussels Griffon

個性神經質而挑剔

目前已知，布魯塞爾格里芬犬和比利時格里芬犬、小布拉巴肯犬是兄弟犬。FCI（世界畜犬聯盟）公認以上三種犬種各為獨立的犬種，但UKC（美國聯合犬業俱樂部）和AKC（美國畜犬協會）卻認定以上三種犬種為同一犬種，只是毛質和毛色不同而已。至於JKC（日本畜犬協會）則和FCI一樣，將之各別認定為三種犬種。

短毛小布拉巴肯犬。

性格方面，自尊心強、充滿知性，對陌生人則有較為神經質和難搞的一面。然而對待家人則是非常活潑開朗，充份展現活力，感情豐富又有趣。不會過度興奮、喧囂，能夠確實判斷周遭狀況之後再採取行動。

長毛布魯塞爾格里芬犬。

健康方面要注意有些可能需要採用剖腹方式生產。另外，由於鼻頭扁塌，容易罹患呼吸系統疾病。

BREEDING · DATA

身　高…18～20cm
體　重…3.5～5kg
價　格…20～30萬日圓
原產國…比利時

性格 活潑開朗、溫和敦厚、自尊心強

容易罹患的疾病
口蓋裂、呼吸系統疾病

耐寒度　運動量　清潔保養

10分鐘×2次

飼養難易度

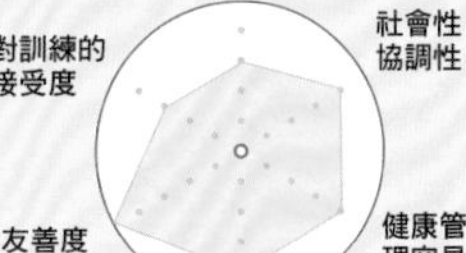

拳獅犬

Boxer

犬種號碼 144
大型犬
第2類

活躍的
警犬和軍用犬

Boxer

天真敏感 容易受傷

個性安靜、溫和敦厚、拘謹，卻又充滿自信、面貌端正的拳獅犬，原是為了鬥犬和鬥牛而進行配種的，因此個性相當殘暴。不過目前改良後的犬種，其性格已較以往溫柔體貼、感情豐富，是令人喜愛的家庭犬。另外，由於拳獅犬的監視能力高，因此也成為非常活躍的警犬和軍用犬。但是如果只養作一般的家庭犬而未接受訓練的話，內心卻有天真而容易受傷的一面。若要在家中進行訓練的話，體罰和嚴厲的斥責反而會得到反效果，以溫柔的語言滿懷愛心地進行訓練，比嚴格訓練的效果更好。

拳獅犬又分為德國拳獅犬和美國拳獅犬，德國拳獅犬的頭部較大、身材精壯結實，肌肉比美國拳獅犬發達。以前，拳獅犬一般都會進行斷尾和剪耳，但是現今歐洲國家已經明文禁止此種做法。

BREEDING · DATA

身　高…53～64cm
體　重…25～32kg
價　格…20～30萬日圓
原產國…德國

性格 聰明、順從、十分天真

容易罹患的疾病
胃扭轉、角膜炎、髖關節發育不良、椎間板突出

耐寒度　運動量　清潔保養

60分鐘×2次

飼養難易度

威瑪犬

Weimaraner

犬種號碼 99
大型犬
第2類

天鵝絨般的被毛

和家人一起接受訓練

Weimaraner

威瑪犬身上的被毛細緻、柔軟，宛如天鵝絨般散發出無法言喻的美麗光澤，觸感亦如同外表般滑順，其美麗的被毛堪稱是全世界所有犬種中最頂級的品種。威瑪犬的被毛會隨著季節而產生變化，例如夏天會因日曬而呈現褐色，但是冬天又會恢復其美麗的光澤。為了維持被毛的光澤度，飼主每天務必以獸毛刷進行刷毛，增添被毛的光澤。

短毛種。

威瑪犬非常愛撒嬌，希望能夠和家人永不分離，因此只要稍微不理會牠的話，就會變得落落寡歡。學習能力高，容易訓練，最好能夠在家人細心呵護的喜悅下，吸收各種訓練的內容。

基本上，威瑪犬屬於健康的犬種，以往常發生髖關節發育不良的疾病，但是近年來，多虧妥善的血統管理，已大幅減少此一現象的發生。

長毛種。

BREEDING · DATA

身　高…70cm
體　重…25～38kg
價　格…18～25萬日圓
原產國…德國

性格 溫和敦厚、好奇心旺盛、害怕寂寞

容易罹患的疾病
胃扭轉、眼瞼內翻、血友病、髖關節發育不良

耐寒度　運動量　清潔保養
60分鐘×2次

飼養難易度
狀況判斷能力
社會性・協調性
健康管理容易
適合初次飼養者
友善度
對訓練的接受度

大丹狗

Great Dane

犬種號碼 235
大型犬
第2類

巨大的體型 堪稱世界第一

最堅強的防盜系統

Great Dane

大丹狗可能是全世界愛狗人士心目中希望一生能夠飼養一次的犬種吧?!超越了狗的框架的大丹狗，擁有全世界公認最高的身高，以雙腿站立時的姿勢甚至遠高於一般女性，具有十足的壓迫感。

但是另一方面，大丹狗的個性溫和敦厚、不具攻擊性，忍耐力強、能夠正確地判斷狀況，而且也會以那巨大的身軀向主人撒嬌。只要在大丹狗完全成為成犬之前完成服從訓練，牠就會經常躺在飼主的腳邊，只要一個暗號就會立刻行動，此外也能和小朋友或其他寵物愉快地嬉戲。雖然大丹狗可以飼養於室內，但為了消除其壓力，長時間的散步是每天不可缺少的工作。

幼犬。

家中有一隻大丹狗，就彷彿安裝了一套最堅強的防盜系統，因為大丹狗會為了守護家人，而勇敢地對抗不速之客或入侵者。

斑色大丹狗的成犬。

BREEDING・DATA

身　高…70～81cm
體　重…45～54kg
價　格…18～35萬日圓
原產國…德國

耐寒度　運動量（60分鐘×2次）　清潔保養

性格　安靜、抗壓性強、能夠冷靜行事

容易罹患的疾病
胃扭轉

飼養難易度：狀況判斷能力／社會性・協調性／健康管理容易／適合初次飼養者／友善度／對訓練的接受度

貝生吉犬

Basenji

犬種號碼　43
中型犬
第5類

散發著遠古的氣息

對陌生人採取攻擊性的態度

　貝生吉犬屬於原始的犬種，形似5000~7000年前於撒哈拉沙漠中發現的岩壁上所畫的狗，或是5000年前埃及法老王墓中所留下的狗的圖畫，這些畫作中的狗極有可能就是貝生吉犬的祖先。

　貝生吉犬全身散發出一股遠古的氣息，卻非常喜歡跟主人撒嬌，並流露出深厚的感情。但是對陌生人卻一直保持高度警戒，從不鬆懈，若不小心碰觸到牠的話，可能會被咬傷，就算是狗以外的動物接近時亦然。因此當身處在這樣的環境時，飼主務必隨時留意。

幼犬。

　貝生吉犬容易罹患的疾病是腎臟疾病，腸胃也比較虛弱，有時會發生持續下痢的情況。雖然部分可能是由壓力所造成的，但是飼主最好先帶愛犬去動物醫院接受健康檢查，徹底瞭解其身體狀況。

BREEDING・DATA

身　高…42～43cm
體　重…9.5～11kg
價　格…18～25萬日圓
原產國…剛果

耐寒度　運動量　清潔保養

30分鐘×2次

性格 我行我素、喜歡向飼主撒嬌，對陌生人警覺性強、面無表情

容易罹患的疾病
過敏、下痢、腎臟疾病、貧血

飼養難易度

狀況判斷能力
社會性・協調性
健康管理容易
適合初次飼養者
友善度
對訓練的接受度

迷你牛頭㹴

Miniature Bull Terrier

犬種號碼　11
小型犬
第3類

擁有用不完的充沛精力

Miniature Bull Terrier

討喜的程度堪稱第一

老實說，牠的確稱不上可愛或帥氣，但是論討喜程度，卻是數一數二的。其過度誇張的反應，對任何事物都充滿興趣，活蹦亂跳的模樣，彷彿有用不完的精力似的。迷你牛頭㹴容易興奮，會因一點小事而大肆喧鬧，儘管外形滑稽又可笑，一旦情緒失控，甚至會看不見周遭的事物，而讓人束手無策。雖然對陌生人不太有戒心，但是當牠在家時，如果發現不明聲響或可疑人物的話，就會完全發揮看守犬的能力。

幼犬。

迷你牛頭㹴屬於健康的體質，但是有時候可能會發生膝蓋骨脫臼的情況。另外亦可能會發生跳蚤所引起的過敏現象，因此飼主務必用心消除其身上的寄生蟲並注意飲食的種類。

BREEDING・DATA

身　高…36cm
體　重…11～15kg
價　格…20～40萬日圓
原產國…英國

性格　不識疲勞為何物的活力犬

容易罹患的疾病
皮膚疾病

耐寒度　運動量　清潔保養
30分鐘×2次

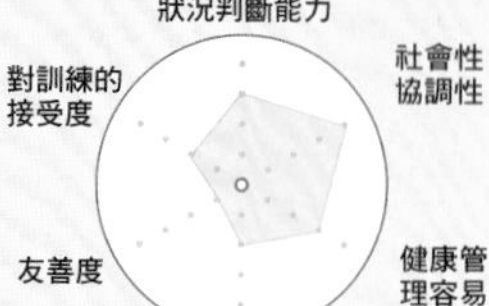

巴吉度獵犬

Basset Hound

犬種號碼　163
中型犬
第6類

擁有在所有犬種中數一數二的嗅覺

我行我素又任性

Basset Hound

不分室內或屋外，巴吉度獵犬總是渾然忘我地在尋找氣味。由於其身上保留著終極獵犬——尋血獵犬的血統，因此嗅覺十分靈敏。但是，除了敏銳的嗅覺之外，個性我行我素、獨立心旺盛，常有任性的舉動，再加上性格頑固，一般認為非常難以訓練。

四周若沒有牠所在意的味道，巴吉度獵犬就不會到處活蹦亂跳，只會在外出散步時，以鼻子摩蹭地面尋找氣味。這麼一來，很容易讓飲食和運動之間失衡，也因此越來越胖。巴吉度獵犬屬於身長短腿體型的犬種，肥胖會造成其背脊極大的負擔，因此飼主務必要注意愛犬的體重管理。

BREEDING · DATA

身　高…33～38cm
體　重…18～27kg
價　格…13～25萬日圓
原產國…英國

性格 個性悠哉、我行我素、聰敏、極為獨立

容易罹患的疾病
消化系統疾病、耳部疾病、鼠蹊疝氣

耐寒度　運動量　清潔保養

30分鐘×2次

飼養難易度
狀況判斷能力　社會性·協調性　健康管理容易　適合初次飼養者　友善度　對訓練的接受度

聖伯納犬

Saint Bernard

犬種號碼 61
大型犬
第2類

最具份量的犬種是有名的救難犬

訓練過程中需要耐心

Saint Bernard

堪稱最重量級犬種的聖伯納犬，因於瑞士和義大利邊境的阿爾卑斯山脈上擔任救難犬，而成為世界聞名的犬種。

大膽、莊重又威嚴的模樣相當令人信賴。但是，對於沒有興趣的事物卻漠不關心，所以不太容易接受訓練。因此最好能夠委託專業的訓練師，如果在家中，最好能夠在愉快的氣氛中進行訓練。個性方面，聖伯納犬對主人溫和又順從，喜歡撒嬌，然而相對於其龐大的外表，內心竟然十分纖細，因此飼主務必避免對聖伯納犬施以蠻橫的命令，或者將責任歸咎於其身上。

室內飼養時，務必注意流口水的問題，飼主絕對需要在其頸部圍上圍兜。尤其在聖伯納犬用餐前、後，四周都會沾滿黏稠的口水，因此飼主要有心理準備必須每天擦拭室內的空間。

BREEDING · DATA

身　高…65cm以上
體　重…50～91kg
價　格…15～25萬日圓
原產國…瑞士

耐寒度　運動量　清潔保養

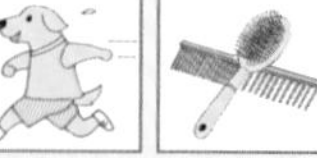

60分鐘×2次

性格 溫和、對飼主極為順從、愛撒嬌

容易罹患的疾病
關節疾病

飼養難易度

狀況判斷能力
社會性・協調性
健康管理容易
適合初次飼養者
友善度
對訓練的接受度

薩路基犬

Saluki

犬種號碼　269
大型犬
第10類

源於紀元前7000年 最古老的犬種

活力充沛的犬種

Saluki

薩路基犬是全世界最古老的犬種，於紀元前7000～6000年蘇美古文明城市（現今伊拉克南方）的遺跡中，發現畫有被視為薩路基犬的狗。

薩路基犬活力充沛、具速度感，每天都需要非常龐大的運動量。由於薩路基犬的體力過剩，因此可能很難和牠一起慢跑。另外，當薩路基犬發現其他動物時，可能會不聽從飼主的制止而上前追逐，所以外出散步時，飼主也必須隨時注意。

其警戒心強，不會對別人表達情感，但是卻非常喜歡向家人撒嬌，並且希望能夠和家人永遠不分離。對主人的朋友一旦彼此瞭解之後，也會非常細心、友善又溫柔地對待對方。

BREEDING · DATA

身　高…♂58～71cm（♀較♂稍小）
體　重…♂20～30kg（♀較♂稍輕）
價　格…20～25萬日圓
原產國…伊朗

性格 警戒心強、不會表露情感、愛向飼主撒嬌

容易罹患的疾病
骨折、心因性疾病、皮膚病

耐寒度

運動量

60分鐘×2次

清潔保養

飼養難易度

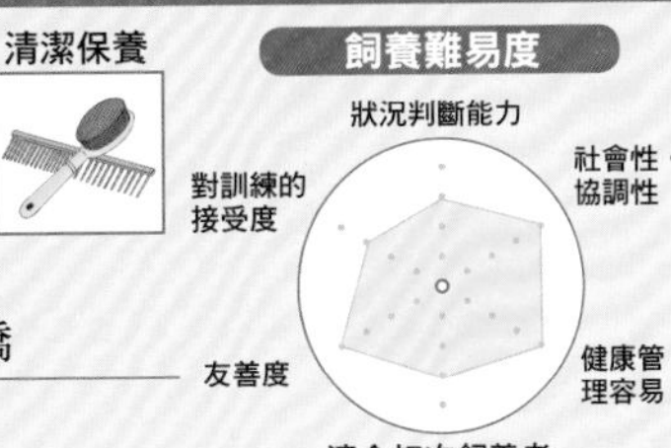

愛爾蘭蹲獵犬

Irish Setter

犬種號碼 120
大型犬
第7類

七歲以後 才會比較沉著穩重

Irish Setter

避免採取蠻不講理的態度

在陽光照射下閃爍著金色光澤、搖曳生姿的紅色愛爾蘭蹲獵犬，愛撒嬌、天真無邪，活潑開朗又調皮。七歲之前，愛爾蘭蹲獵犬的性格尚未定型，因此在這段期間，飼主仍然可以享受愛爾蘭蹲獵犬開朗的身影。愛爾蘭蹲獵犬的學習能力強，能夠很快地吸收訓練的內容，不過由於其自尊心強，不講理的命令或冷淡的態度，都可能讓愛爾蘭蹲獵犬焦慮不安而開始反叛，或者採取攻擊性的態度，因此飼主務必懷著滿滿的愛來對待愛犬。

為了維護愛爾蘭蹲獵犬亮麗的被毛，每天的刷毛是不可或缺的工作。由於毛髮尾端容易打結，因此可以藉由梳整被毛的同時也清除脫毛，最後再以獸毛刷進行刷毛，增添耀眼光芒。

BREEDING · DATA

身　高…64～69cm
體　重…27～32kg
價　格…15～25萬日圓
原產國…愛爾蘭

性格 天真無邪、活潑喧鬧、自尊心強

容易罹患的疾病
眼部疾病、皮膚疾病

耐寒度　運動量　清潔保養

60分鐘×2次

飼養難易度

狀況判斷能力
社會性・協調性
健康管理容易
適合初次飼養者
友善度
對訓練的接受度

澳洲牧羊犬

Australian Shepherd

犬種號碼 342
大型犬
第1類

具備身為牧羊犬所必需的瞬間狀況判斷能力

承襲了野生丁哥犬的血統

Australian Shepherd

過去必須在廣大的腹地引導恣意行動的羊群，澳洲牧羊犬屬於可以瞬間判斷狀況的優秀犬種。其個性勇敢、忠實又充滿知性，對家人的愛總是毫無保留，可以成為稱職的家庭犬。

學習能力強，容易訓練。由於澳洲牧羊犬的玩心重，只要搭配遊戲進行訓練就可以學得更快，因此飼主最好能夠教導澳洲牧羊犬各種不同的事物，例如工作和才藝等。

雖然名字前面加上了澳洲二字，但是澳洲牧羊犬實際上卻是在美國改良而成的犬種。

相傳澳洲牧羊犬是19世紀時為了開發牧羊犬而進行配種時，以配種用的種犬加上澳洲當地的野生丁哥犬配種而成的牧羊犬。

健康方面，可能罹患遺傳性失明或聽覺障礙，因此購買時飼主務必確認其雙親的健康狀態。

BREEDING・DATA

身　高…46～58cm
體　重…16～32kg
價　格…15～20萬日圓
原產國…美國

性格 活潑開朗、溫柔體貼、對飼主忠誠

容易罹患的疾病
聽覺障礙、眼部疾病、髖關節發育不良

耐寒度

運動量

60分鐘×2次

清潔保養

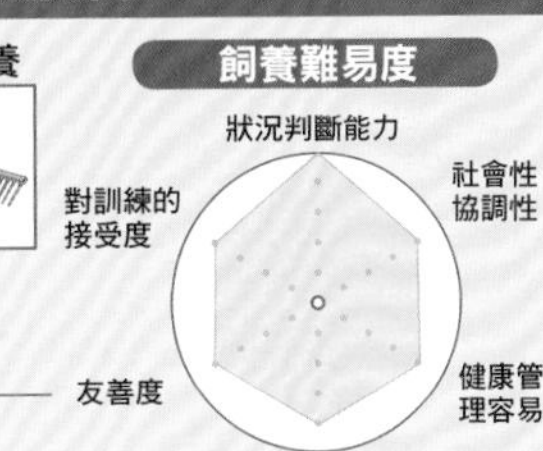

阿富汗獵犬

Afghan Hound

犬種號碼 228
大型犬
第10類

重視信賴關係
專家都束手無策的脾氣

Afghan Hound

超越了狗和飼主之間的藩籬

阿富汗獵犬亮麗的流線型被毛，加上輕柔曼妙的步伐，不由得讓人陶醉。此外，阿富汗獵犬對飼主非常忠心，對家人也充滿了愛，但是卻有點神經質，因此不容易進行訓練，以往甚至還被貼上「連專家也束手無策的犬種」的標籤。然而造成阿富汗獵犬神經質的原因，其實在於將牠託付給外人照顧，或者與主人之間的信賴關係不足所致，畢竟牠原本就是以忠誠的特質而廣受喜愛的獵犬。若要與阿富汗獵犬相處的話，飼主首先必須對自我進行嚴格的訓練，這時要建立的並不是「狗與飼主」的關係，而是以夥伴的關係建立信任感。付出的愛與信任越大，相對地也會獲得同樣的愛與信任。

由於容易累積壓力，一方面也為了運動，每天長時間的散步是不可或缺的。

BREEDING · DATA

身　高…65～74cm
體　重…23～27kg
價　格…15～25萬日圓
原產國…阿富汗

性格 極為獨立自主、纖細敏感

容易罹患的疾病
過敏、關節疾病

耐寒度

運動量
60分鐘×2次

清潔保養

飼養難易度

狀況判斷能力
社會性・協調性
健康管理容易
適合初次飼養者
友善度
對訓練的接受度

粗毛牧羊犬

Rough Collie

犬種號碼 15
大型犬
第1類

世界級的有名犬種

智商高而感情豐富

1954年～1974年，美國電視劇「靈犬萊西」獲得觀眾廣大的回響與好評，劇中的粗毛牧羊犬「萊西」，也因而成為廣受世人喜愛的犬種。之後，改拍的電影和動畫卡通也在日本播出。故事內容敘述萊西一心想要回到飼主少年的身邊，千里跋涉的旅程中遭遇重重的苦難，作者將主角萊西塑造成勇敢、具備卓越能力的牧羊犬。

其實牧羊犬智商高，對家人毫無保留地付出感情，性格溫和又體貼。同時亦善於判斷狀況，是個能憑自我判斷而行事的堅強拍檔。和小朋友玩耍時懂得為對方著想，會耐心地陪小朋友一起玩。牧羊犬的個性順從，會不辭辛勞，只為了看到心愛的飼主流露出愉快的笑容。

BREEDING・DATA

身　高…56～66cm
體　重…23～34kg
價　格…10～20萬日圓
原產國…英國（蘇格蘭）

性格 活潑、抗壓性強、順從、溫和

容易罹患的疾病
眼部疾病、下痢、心臟疾病、皮膚疾病

耐寒度
運動量 60分鐘×2次
清潔保養

飼養難易度
狀況判斷能力
社會性・協調性
健康管理容易
適合初次飼養者
友善度
對訓練的接受度

西藏獵犬

Tibetan Spaniel

犬種號碼 231
小型犬
第9類

鼻頭扁塌犬種的始祖

體內的排熱功能不佳

Tibetan Spaniel

觀其面貌，不難想像西藏獵犬是狆犬、巴哥犬和北京犬的始祖。西藏獵犬在古代西藏是非常珍貴的，禁止販賣，僅能進貢給皇室貴族。後來贈送給中國，紀元前1100年的中國銅像中，也可以發現描繪著類似西藏獵犬的狗。

西藏獵犬的表情非常豐富，宛如人類一般，透過雙眼便能夠傳達喜怒哀樂的心情。個性非常忠實、感情豐富、溫柔，卻有自尊心強、我行我素的一面。西藏獵犬非常怕生，人前表現得非常冷淡，前後差異之大讓人幾乎無法想像是同一隻狗。

西藏獵犬的鼻頭扁塌、鼻孔小，呼吸換氣比較慢，因此體內的排熱功能不佳，容易中暑。炎夏氣溫上升時，務必以空調進行溫度控管，而且外出時，別忘記要多補充水份。

BREEDING · DATA

身　高…24～28cm
體　重…4～7kg
價　格…15～25萬日圓
原產國…中國（西藏）

性格 我行我素、頑固、對飼主忠誠

容易罹患的疾病
眼部疾病、皮膚病

耐寒度　運動量　清潔保養
10分鐘×2次

飼養難易度
狀況判斷能力
社會性・協調性
健康管理容易
適合初次飼養者
友善度
對訓練的接受度

紐芬蘭犬

Newfoundland

犬種號碼　50
大型犬
第2類

值得信賴的 水上救難犬

紐芬蘭犬非常擅長游泳，於原產國加拿大，仍是非常活躍的現役水上救難犬。巨大結實的體型，以人類的力量而言，根本穩如泰山，無法撼動。紐芬蘭犬的舉止優雅、性格穩重，予人高貴的印象，此外個性溫和敦厚、友善。但是，以上的優點都是指經過訓練的成犬。紐芬蘭犬的幼犬只要稍微離開飼主，就會感覺孤單寂寞，也非常喜歡撒嬌。

幼犬。

而美中不足的是常有流口水的問題。飼養於室內時，隨處可見紐芬蘭犬濡濕的口水印，因此飼主必須要有每天擦地板的心理準備。

特別要注意中暑的問題

Newfoundland

紐芬蘭犬非常怕熱，尤其面對日本高溫潮濕的氣候很容易中暑。因此夏季務必利用空調進行溫度管理，如果有空的話，也可以帶愛犬去玩水。

BREEDING · DATA

身　高…66～71cm
體　重…45～68kg
價　格…20～25萬日圓
原產國…加拿大（紐芬蘭島）

性格 溫和敦厚、溫柔、極為友善

容易罹患的疾病
發作性意識障礙、胃扭轉、眼部疾病、心臟疾病

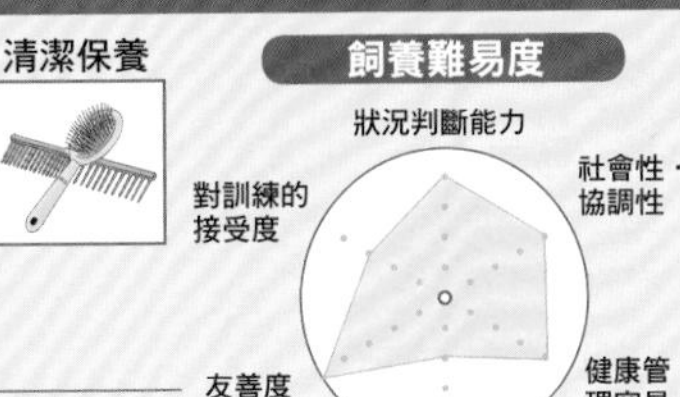

秋田犬

Akita

犬種號碼 255
大型犬
第5類

過去曾用來獵熊的日本古代犬

在各國都擁有不容小覷的人氣

Akita

秋田犬是日本國內唯一的大型犬種，其祖先為用來獵熊的「又鬼犬」（一種山嶽狩獵犬），又稱為大館犬。江戶時代，藩主為提高武士士氣而興起的鬥犬風氣盛行，而將當時的大館犬做大型化的改良。大正至明治年間掀起一股鬥犬風潮，於是將大館犬與德國牧羊犬、大丹狗等犬種加以配種。其後因秋田犬逐漸失去日本犬的純度，開始興起保全血統的運動，於1931年初次被日本指定為天然記念物，成為國家級的珍貴保育動物。

秋田犬在各國都非常受歡迎，第二次世界大戰後隨美軍傳入美國後所培育出來的品種，稱為美國秋田犬；在歐洲則稱之為巨型日本犬。

忠厚誠實、充滿知性，對飼主忠心，但有時也可能因受其他動物刺激或對待方式的不同而攻擊人類。

BREEDING・DATA

身　高…60～71㎝
體　重…34～50kg
價　格…10～20萬日圓
原產國…日本

性格 順從、忠實、極為溫柔、感情豐富、溫和敦厚

容易罹患的疾病
甲狀腺疾病

耐寒度　運動量　清潔保養
60分鐘×2次

飼養難易度
狀況判斷能力
社會性・協調性
健康管理容易
適合初次飼養者
友善度
對訓練的接受度

玩具曼徹斯特㹴

Toy Manchester Terrier

犬種號碼　13
小型犬
第3類

黑色和黃褐色相間的英國犬

具有驅逐鼠害的能力

Toy Manchester Terrier

玩具曼徹斯特㹴的別名又稱為「英國玩具㹴」，是代表英國的㹴犬，其黑色和黃褐色相間的毛色，讓結實的體態更顯得精悍，屬於小型的曼徹斯特㹴。1800年代後期開始，將小型的曼徹斯特㹴稱為玩具曼徹斯特㹴。過去於英國舉行的競賽中，一隻名為「比利」的玩具曼徹斯特㹴曾以13秒6的時間捕殺100隻老鼠，此一記錄證實曼徹斯特㹴當時確實活躍於驅逐農場的鼠害。

玩具曼徹斯特㹴仍保有一般㹴犬的旺盛好奇心，容易沉迷於某種事物而大聲喧鬧。此外非常親近家人，只要待在家人的身邊，就會勇氣百倍。總之，玩具曼徹斯特㹴活力十足、非常好動。

BREEDING・DATA

身　高…25～30cm
體　重…2.7～3.6kg
價　格…15～25萬日圓
原產國…英國

性格 好奇心旺盛、活潑開朗、溫和敦厚、愛撒嬌

容易罹患的疾病
關節疾病、骨折、皮膚病

耐寒度

運動量

20分鐘×2次

清潔保養

飼養難易度

狀況判斷能力
社會性・協調性
健康管理容易
適合初次飼養者
友善度
對訓練的接受度

薩摩耶犬

Samoyed

犬種號碼 212
中型犬
第5類

生長於極寒之地
非常愛撒嬌的雪白犬種

西伯利亞產的家庭犬

Samoyed

雪白豐厚被毛包裹下的薩摩耶犬，其祖先乃是由自古居住於極寒之地西伯利亞的狩獵民族——薩摩耶族數世紀以來用來從事拉雪橇、看守馴鹿和狩獵的犬種。

薩摩耶犬的體型龐大，卻非常愛撒嬌又怕孤單，此外也喜歡惡作劇。總是與主人形影不離，渴望呵護和關愛，因此獨處的時間越長，越容易產生壓力而變得神經質，並不適合飼主經常外出的家庭飼養。

學習能力不錯，但是由於薩摩耶犬的智商高，一旦訓練半途而廢的話，反而可能會妨礙其日後的訓練。因此，飼主務必耐心地繼續教導。

健康方面，有罹患髖關節發育不良和過敏性皮膚炎的傾向，尤其薩摩耶犬的被毛豐厚，飼主更應該經常檢查其皮膚狀況。

BREEDING・DATA

身　高…48～60cm
體　重…19～30kg
價　格…15～25萬日圓
原產國…俄羅斯（西伯利亞）

性格 親和力十足、害怕孤單

容易罹患的疾病
關節疾病

耐寒度　運動量　清潔保養

30分鐘×2次

飼養難易度

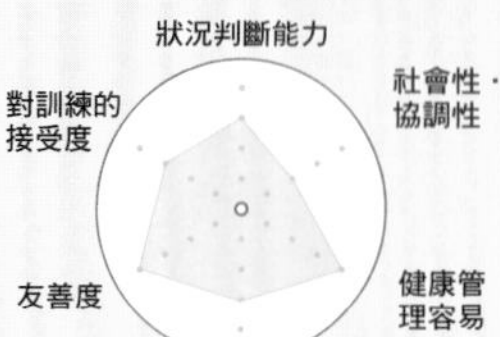

萬能㹴

Airedale Terrier

犬種號碼　7
大型犬
第3類

擁有萬能㹴獨特的魅力

無止盡的上進心

Airedale Terrier

　受封為「㹴犬之王」的萬能㹴極具獨特魅力，無不擄獲所有飼主的心，甚至飼養過萬能㹴的人，幾乎都會希望能夠再次飼養。萬能㹴的個性勇氣十足、無所畏懼，但是絕對不具攻擊性，經常能夠冷靜、迅速地採取行動。萬能㹴也能夠和其他的狗或貓等寵物相處融洽，但是部分萬能㹴會有企圖支配其他狗狗的性格，因此外出散步時，飼主必須隨時注意。

　萬能㹴的學習能力極佳，一旦完成訓練並獲得飼主的讚美，內心就會充滿更上一層樓的上進心。因其卓越的能力，而於第二次世界大戰中被當成警犬和軍用犬使用。蘊含如此獨特魅力的犬種實不多見，難怪會有許多飼主希望能夠繼續飼養萬能㹴。

BREEDING・DATA

身　高…56～61cm
體　重…20～30kg
價　格…18～25萬日圓
原產國…英國

耐寒度　運動量　清潔保養

60分鐘×2次

性格 好動、抗壓力強、自尊心強

容易罹患的疾病
關節疾病、皮膚疾病

飼養難易度

狀況判斷能力
社會性・協調性
健康管理容易
適合初次飼養者
友善度
對訓練的接受度

卡狄肯威爾斯柯基犬

Welsh Corgi Cardigan

犬種號碼 38
中型犬
第1類

以往和潘布魯克威爾斯柯基犬屬於同一犬種

Welsh Corgi Cardigan

個性容易忽冷忽熱

1934年前，卡狄肯威爾斯柯基犬和潘布魯克威爾斯柯基犬被當作是同一犬種，1930年代前，甚至也有在紅毛為主的潘布魯克威爾斯柯基犬和黑毛的卡狄肯威爾斯柯基犬間相互交配的情況。也或許是這層關係，兩者的外形極為相似。兩者都用來從事趕牛的工作，唯一的差異是潘布魯克威爾斯柯基犬為了怕牛隻踩到尾巴，出生後不久便進行斷尾手術，卡狄肯威爾斯柯基犬則不進行斷尾而繼續保持原本的模樣。但近年來各國紛紛禁止從事非醫療需要的斷尾，因此今後可能也必須以毛色來分辨兩者的不同了。

一旦沉迷於某種事物，便會陷入極度興奮的狀態，此時飼主若不理牠，牠就會立刻恢復冷靜，性格起伏之大宛如瞬間沸水器一般。精力充沛，屬於活潑開朗、甚至有點喧鬧的家庭犬。

BREEDING・DATA

身　高…27～32cm
體　重…♂13.5～17kg（♀較♂稍輕）
價　格…18～25萬日圓
原產國…英國
性格　活潑開朗、好奇心旺盛

容易罹患的疾病
尿道結石、視網膜剝落、青光眼

耐寒度　運動量　清潔保養
30分鐘×2次

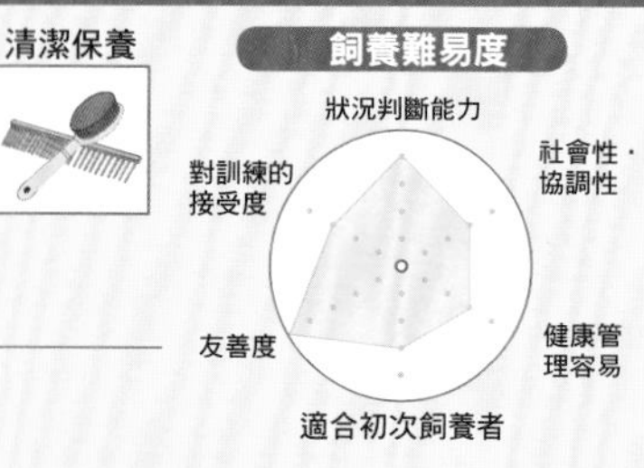

迷你巴塞特格里芬凡丁犬

Petit Basset Griffon Vendeen

犬種號碼 67
中型犬
第6類

誕生於16世紀的迷你巴塞特犬

極為獨立又頑固

Petit Basset Griffon Vendeen

迷你巴塞特格里芬凡丁犬乃是以法國大巴塞特格里芬犬為基礎，進行短足小型化的改良種，一般人暱稱為「petit basset」（小巴塞特）。16世紀改良之初，和法國大巴塞特格里芬犬屬於同一犬種，也進行彼此間的交配。直至1950年代，開始有書籍記載兩者為不同犬種，1975年以降，則禁止法國大巴塞特格里芬犬和迷你巴塞特格里芬凡丁犬進行配種。

迷你巴塞特格里芬凡丁犬非常親近家人，總是表現得溫柔又體貼。不僅如此，亦擁有堅強的自我意志，個性極為獨立又頑固，確實具有凡事不仰賴飼主、能夠獨力解決問題的高度能力。

迷你巴塞特格里芬凡丁犬身長腿短的體型，容易引起椎間板突出的問題，因此務必注意肥胖問題，並避免從事過度激烈的運動。

BREEDING · DATA

身　高…33～38cm
體　重…15～18kg
價　格…20～30萬日圓
原產國…法國

性格 極為獨立、非常親近飼主和家人

容易罹患的疾病
外耳炎、眼部疾病、皮膚炎

耐寒度　運動量　清潔保養

30分鐘×2次

飼養難易度

狀況判斷能力
社會性・協調性
健康管理容易
適合初次飼養者
友善度
對訓練的接受度

甲斐犬

Kai Ken

犬種號碼 317
中型犬
第5類

眼中只有主人一人

Kai Ken

日本最具代表性的獵獸犬

極具野性風貌的甲斐犬原產於日本現今的山梨縣山區，是日本在地的犬種，屬於專門捕獵野鹿、野豬和熊等動物的獵獸犬。別名為「甲斐虎犬」，毛色一般為近似黑毛的深褐色被毛中混入虎紋，另外亦有赤虎毛（茶褐色或淺茶色的底色混著深茶色的虎斑）和中虎毛（淺黑色與茶褐色混合而成的虎紋）。據說此種虎皮毛色為山上狩獵時的保護色。

甲斐犬被認為「一生只認一個主人」，別說是陌生人，就連主人的朋友也完全不理會，眼中永遠都只有主人一人而已，若硬要與牠接觸，可能會發動攻擊。

1931年創立了甲斐日本犬愛護會，後於1934年被日本指定為天然紀念物。為避免和飼養犬（日文發音為「kai inu」）混淆，遂定名為「甲斐犬」（日文發音為「kai ken」）。

幼犬。

BREEDING・DATA

身　高…48～53cm
體　重…16～18kg
價　格…10～20萬日圓
原產國…日本(山梨縣、南阿爾卑斯山麓)

性格 忠實

容易罹患的疾病
過敏

耐寒度　運動量　清潔保養

30分鐘×2次

飼養難易度

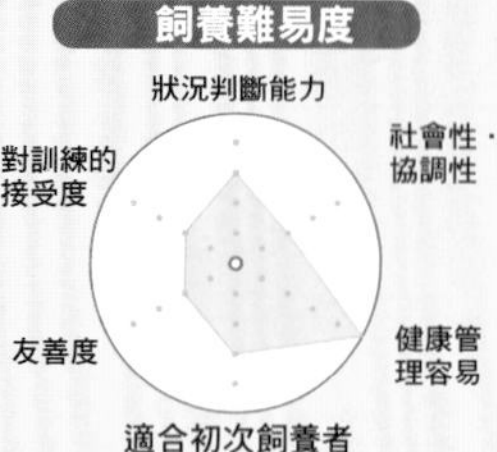

英國古代牧羊犬

Old English Sheepdog

犬種號碼 16
大型犬
第1類

童心未泯的大型牧羊犬

Old English Sheepdog

接近牠時要先出聲

英國古代牧羊犬全身毛絨絨的，連眼睛也被濃密的長毛覆蓋住，讓人猜不透牠正在想什麼。基本上，英國古代牧羊犬個性活潑開朗，是一個喜歡惡作劇的搗蛋鬼，當牠想要做壞事的時候，眼睛會像幼犬一樣閃閃發光。但是由於視野受限，因此如果有人突然從後面靠近牠，可能會對對方吠叫或咬傷對方。特別是陌生人，務必先繞到牠的面前，再一邊出聲一邊慢慢接近。

英國古代牧羊犬原本個性非常激烈，往往讓飼主傷透腦筋，不過現在已經演變成穩重冷靜的犬種了。雖然長大之後仍然童心未泯，但是會在到了某一段時間後突然變老，飼主務必先做好足夠的心理準備。

BREEDING · DATA

身　高…53cm以上
體　重…30kg
價　格…15～25萬日圓
原產國…英國

性格　急躁、任性又頑固

容易罹患的疾病
外耳炎、關節疾病、皮膚病

耐寒度　運動量　清潔保養

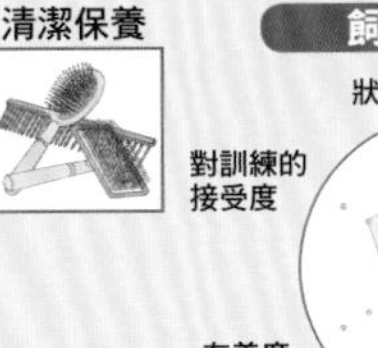

60分鐘×2次

飼養難易度
狀況判斷能力
社會性・協調性
健康管理容易
適合初次飼養者
友善度
對訓練的接受度

英國激飛獵犬（史賓格犬）

English Springer Spaniel

犬種號碼 125
中型犬
第8類

是可卡獵犬的近親

非常迷戀主人

English Springer Spaniel

英國激飛獵犬的體型比可卡獵犬更大型，移動的速度非常靈活、迅速。1800年才認定英國激飛獵犬和可卡獵犬分屬不同犬種。

英國激飛獵犬本身具有獵鳥犬的敏銳觀察力和卓越的瞬間爆發力，另一方面，玩心重，總是在尋找有趣的事物，一旦興起惡作劇的念頭，眼睛就會閃閃發光，樂在其中。對英國激飛獵犬而言，和家人愉快地玩耍是最幸福的時光，其盡情享受的模樣，令人不覺莞爾。英國激飛獵犬會因為一點小小的狀況而過度誇張地反應，因此和牠在一起確實是百看不厭。

健康方面，除了眼瞼內翻和角膜炎等眼部疾病之外，亦常發生髖關節發育不良或遺傳性疾病，因此購買時務必先至動物醫院接受健康檢查。

BREEDING · DATA

身　高…48～51cm
體　重…22～25kg
價　格…15～25萬日圓
原產國…英國

性格 非常喜歡親近飼主、聰敏、領悟力高

容易罹患的疾病
關節疾病、眼部疾病、皮膚疾病、視網膜萎縮

耐寒度　運動量　清潔保養

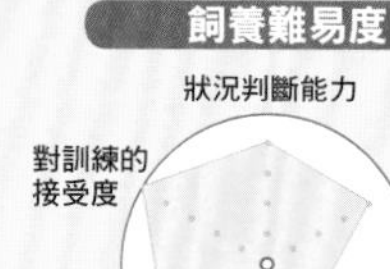

30分鐘×2次

飼養難易度

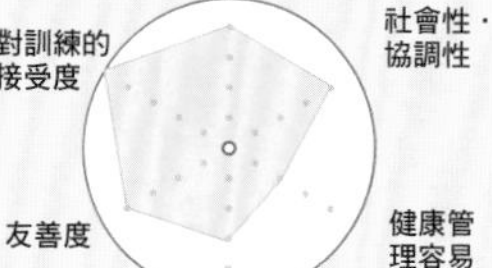

庫依克犬

Kooikerhondje

犬種號碼 314
小型犬
第8類

適合日本環境的小型獵鳥犬

意外大受歡迎的人氣犬

Kooikerhondje

承襲自原產於荷蘭專門獵鴨的獵鳥犬的血統，庫依克犬是荷蘭非常有名的犬種，一般的日本國民比較不熟悉。但儘管如此，在2008年於日本註冊的犬隻數仍高達87隻，而躍升為排行榜第71名。由此可知，日本存在著庫依克犬的隱性愛好者。

其受歡迎的秘密在於，庫依克犬個性非常溫和敦厚、溫柔體貼又穩重，活潑開朗、好奇心旺盛，對任何事物都感興趣。而且完全不具攻擊性，極為重視家人，非常順從。此外，庫依克犬的體型也很適合日本的居住環境。

如此受歡迎的犬種，第二次世界大戰後，在荷蘭的飼養數竟銳減至25隻，後來經由愛犬人士的努力，才使得瀕臨絕種命運的庫依克犬再度獲得重生。也因此常發生遺傳性疾病，購買時務必小心注意。

BREEDING · DATA

身　高…35～41cm
體　重…9～11kg
價　格…未定
原產國…荷蘭

性格 極為穩重、溫和敦厚、活潑開朗、好奇心旺盛

容易罹患的疾病
關節疾病、眼部疾病、內分泌系統疾病

耐寒度　運動量　清潔保養

30分鐘×2次

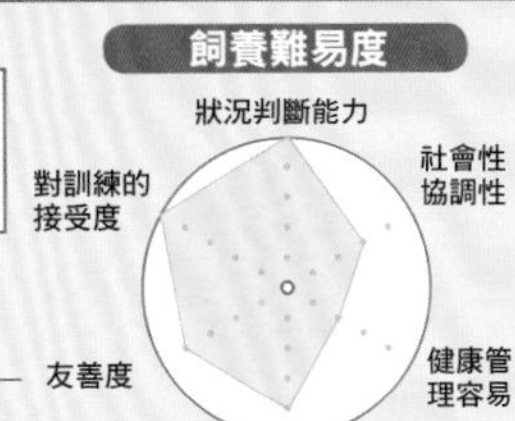

拉薩犬

Lhasa Apso

犬種號碼 227
小型犬
第9類

長達2000年未離開
西藏拉薩的僧侶秘藏犬

Lhasa Apso

擁有靈敏的聽覺辨識能力

過去拉薩犬在西藏首都拉薩的寺院中，至少長達2000年以來，是僅有僧侶或貴族才能飼養的神聖的犬種，歷史相當悠久。由於從未離開西藏，因此直至1920年才首度傳入英國，並於1930年之後引進美國。

拉薩犬活潑開朗、天真無邪的玩樂模樣非常可愛，然而卻也非常地固執，與其外表判若兩人，因此應該算是不太容易訓練的犬種。

拉薩犬本身容易親近，但是有時候對胡亂惡作劇的小朋友或其他的狗卻不會寬待。個性敏感、神經質、警戒心亦重，因此很難對陌生人敞開心房。拉薩犬擁有非常靈敏的聽覺能力，可以分辨家人和其他可疑人物的聲音，是個值得信賴的看守犬。

BREEDING · DATA

身　高…25～28㎝
體　重…6～7kg
價　格…10～20萬日圓
原產國…中國（西藏）

性格 活潑開朗、和藹可親、愛撒嬌、佔有欲強

容易罹患的疾病
過敏、皮膚疾病

耐寒度

運動量

10分鐘×2次

清潔保養

飼養難易度

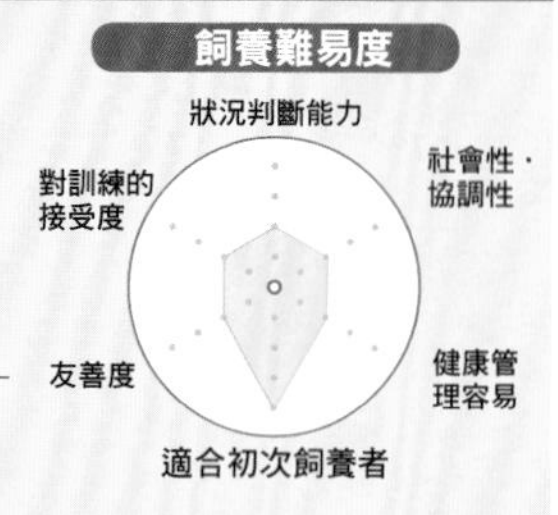

史大佛夏牛頭㹴

Staffordshire Bull Terrier

犬種號碼 76
中型犬
第3類

體型迷你、結實精壯 是比特犬的祖先

對主人的朋友也很友善

史大佛夏牛頭㹴迷你的體型包裹著精壯結實的肌肉，強健碩大的頭部，以及支撐身體重心的短小四肢，外表予人凶惡的印象，但是對家人卻充滿了愛和關懷，會聽從飼主的命令。另外，性格活潑開朗，對主人以外的朋友也非常友善。由於原本是用來做為鬥犬的犬種，因此體力驚人。

幼犬。

史大佛夏牛頭㹴是英國於18至19世紀，透過鬥牛犬和其他各種不同㹴犬的組合所培育出的品種。其後在美國也非常受到歡迎，並經過獨自改良，遂培育出體型碩大的美國史大佛夏牛頭㹴，與惡名昭彰、有著凶惡形象的「比特犬」的誕生具有深厚的淵源。

BREEDING · DATA

身　高…35.5～40.5cm
體　重…11～17kg
價　格…未定
原產國…英國

性格 活潑開朗、親和力十足、順從、坦率、具攻擊性

容易罹患的疾病
口蓋裂、白內障

耐寒度　運動量　清潔保養
30分鐘×2次

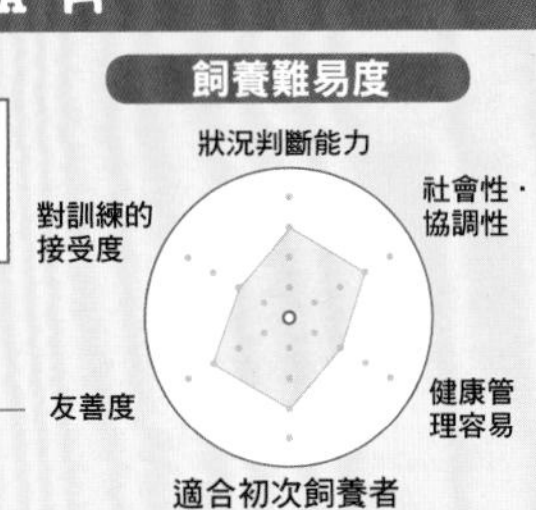

湖畔㹴

Lakeland Terrier

犬種號碼 70
小型犬
第3類

生長於湖畔地區
不斷更名的犬種

冷靜沉著的㹴犬

Lakeland Terrier

湖畔㹴以往於農場從事驅逐狐狸、水獺和鼬鼠等害獸的工作，曾被稱為佩特戴爾㹴和費爾㹴等，後來因出身於英格蘭北部的湖畔地區，於是在西元1912年正式更名為「湖畔㹴」。

湖畔㹴性格大膽、沉著冷靜，擁有㹴犬少見的穩定性，不會過度激亢、興奮，能夠迅速準確地行動。但是好勝心強，對於不中意的事物，有時會採取攻擊的態度，面對體型比自己大的對象，也會勇敢挑戰，毫不畏懼。

湖畔㹴的學習能力佳，能夠吸收各種不同的訓練。對家人非常溫柔體貼，可以成為小朋友的玩伴。不過，湖畔㹴非常喜歡挖洞，可能會把花園弄得亂七八糟。

BREEDING · DATA

身　高…34～37cm
體　重…♂8kg（♀較♂稍輕）
價　格…25～35萬日圓
原產國…英國

性格 活潑開朗、玩心重、好勝、大膽冷靜

容易罹患的疾病
眼部疾病、皮膚病

耐寒度

運動量

30分鐘×2次

清潔保養

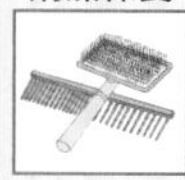

飼養難易度

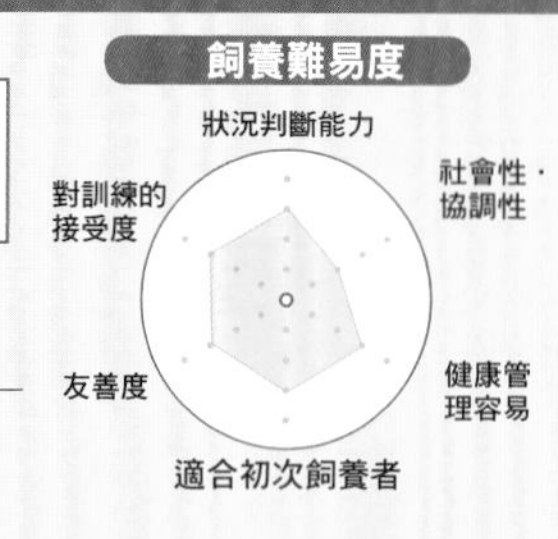

諾威奇㹴

Norwich Terrier

犬種號碼 72
小型犬
第3類

和諾福克㹴
有血緣上的淵源

擁有㹴犬獨特的開朗性格

Norwich Terrier

西元1880年代誕生於英國，最初有兩種不同的類型，分別是立耳的諾威奇㹴和垂耳的諾福克㹴，兩者屬於同一犬種。但是在1964年UKC（美國聯合犬業俱樂部）公認兩者各為不同犬種。

諾威奇㹴的個性活潑開朗、天真無邪，總是到處活蹦亂跳，擁有㹴犬獨特的性格，好奇心強、調皮而且玩心重。反應力快、學習能力強，若能搭配遊戲進行訓練的話，能夠很快學習到更多的東西。一旦受到矚目就會更加精神百倍，因此飼主大力的讚美，會使牠成為愉快的才藝達人。

健康方面比較麻煩，常發生過敏性皮膚炎或膝蓋骨脫臼。針對過敏，飼主務必注意飲食的種類；至於膝蓋骨脫臼，只要愛犬走路出現異常現象，就應該詢問動物醫院。

BREEDING · DATA

身　高…25.5cm以內
體　重…5.5kg
價　格…未定
原產國…英國

性格　活潑開朗、好奇心旺盛

容易罹患的疾病
過敏性皮膚炎、膝蓋骨脫臼、皮膚病

耐寒度
運動量　10分鐘×2次
清潔保養

飼養難易度
狀況判斷能力
社會性・協調性
健康管理容易
適合初次飼養者
友善度
對訓練的接受度

比利時特伏丹牧羊犬

Belgian Shepherd Dog Tervure

犬種號碼 15
大型犬
第1類

活力充沛的牧羊犬
出身於特伏丹村

Belgian Shepher Dog Tervure

在全世界勝任著各種不同的職業

比利時牧羊犬有四種不同的類型，比利時特伏丹牧羊犬屬於其中之一。FCI（世界畜犬聯盟）和英國的KC（畜犬協會）將比利時牧羊犬分成四種不同的犬種，而UKC（美國聯合犬業俱樂部）則將四種類型公認為同一犬種，AKC（美國畜犬協會）則將拉坎諾斯牧羊犬以外的牧羊犬各別認定為不同的犬種，至於JKC（日本畜犬協會）亦認定為同一犬種。活力十足的比利時特伏丹牧羊犬，乃是以其出身地比利時特伏丹村而命名。

頭腦聰明、感情豐富、溫柔體貼，對家人非常忠實順從，而且能夠輕鬆勝任困難的工作，以護衛犬、看護犬和治療犬而活躍於各國。另外，由於嗅覺靈敏，也是優秀的警犬和緝毒犬。

BREEDING · DATA

身　高…56～66cm
體　重…28kg
價　格…15～25萬日圓
原產國…比利時

性格 聰明、感情豐富、對飼主順從

容易罹患的疾病
發作性意識障礙、髖關節發育異常、內分泌系統疾病

耐寒度

運動量

60分鐘×2次

清潔保養

飼養難易度
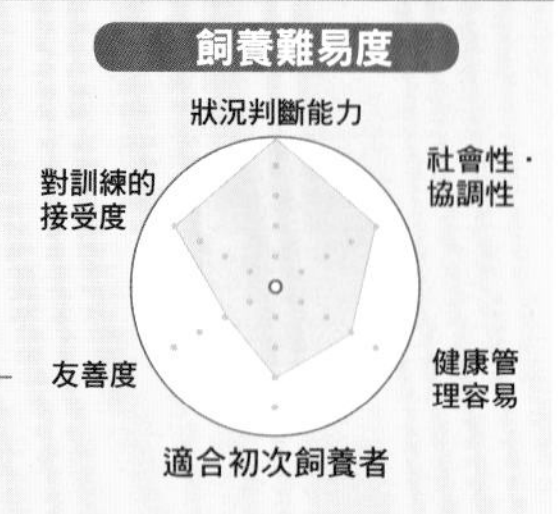

阿拉斯加雪橇犬

Alaskan Malamute

犬種號碼 243
大型犬
第5類

誕生於阿拉斯加的雪橇犬

Alaskan Malamute

難以適應日本的夏季

阿拉斯加雪橇犬如狼一般的外形，酷似西伯利亞哈士奇犬，由阿拉斯加西北部愛斯基摩人的馬拉姆塔族所飼養，屬於最古老的雪橇犬。其祖先應該是2000～3000年前跟隨馬拉姆塔族人一同生活的犬種。

阿拉斯加雪橇犬愛好和平、安靜、感情豐富又順從，非常喜歡親近人類，特別是對信任的主人非常地忠心耿耿。抗壓性強，能夠和小朋友一起玩耍。阿拉斯加雪橇犬非常喜歡和家人在一起，因此飼主若長時間讓牠看家的話，可能會因壓力而在室內搗蛋。

體質非常能夠抵擋嚴寒，卻難以適應日本高溫潮濕的夏季。炎熱的夏季，若要讓阿拉斯加雪橇犬看家的話，切記要打開空調做好溫度管理。另外，由於換毛期會大量脫毛，因此飼主必須要做好心理準備。

BREEDING · DATA

身　高…58～71cm
體　重…39～56kg
價　格…10～20萬日圓
原產國…美國（阿拉斯加州）

性格 安靜、溫和敦厚、順從

容易罹患的疾病
關節疾病

耐寒度
運動量
60分鐘×2次
清潔保養

飼養難易度
狀況判斷能力
社會性・協調性
健康管理容易
適合初次飼養者
友善度
對訓練的接受度

拿坡里獒犬

Neapolitan Mastiff

犬種號碼　197
大型犬
第2類

古羅馬帝國的戰鬥犬

必須注意其強大的力量

Neapolitan Mastiff

外表看來凶猛、具攻擊性的拿坡里獒犬，歷史非常悠久，相傳可追溯至紀元前3000年前，而根據可靠的史料記載，其祖先應為亞歷山大大帝率領之古羅馬帝國軍隊的戰鬥犬「莫洛塞斯獒犬」。

拿坡里獒犬如同其外表，充滿自信、自尊心強又固執，非常獨立，懂得以自我的判斷採取行動。但是平時愛好和平、沉著穩重，對家人極為忠實，對待主人的朋友也非常友善，不過面對陌生人時，應對進退卻非常謹慎、小心。

拿坡里獒犬的體力和力量均非常驚人，即使本身不會傷害小朋友，但是只要稍微移動一下身體，可能就會造成意外。即使是成人，外出散步時也務必小心注意，以免被牽繩絆倒。

BREEDING・DATA

身　高…60～72cm
體　重…50～68kg
價　格…未定
原產國…義大利

耐寒度　運動量　清潔保養

60分鐘×2次

性格 頑固、極為獨立、我行我素、對飼主忠實

容易罹患的疾病
眼部疾病、髖關節發育不良、皮膚病

飼養難易度

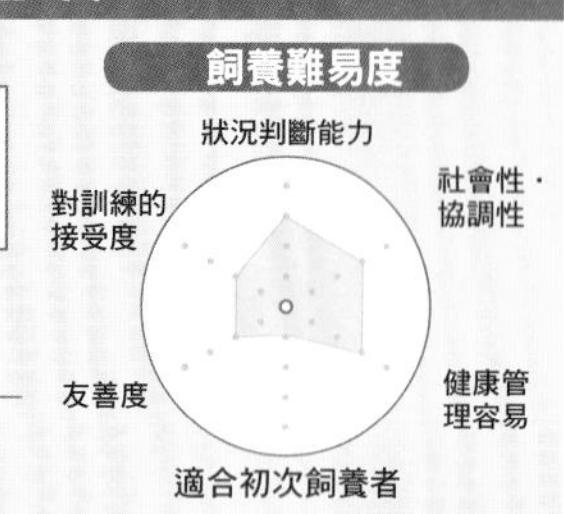

人氣排行 第79名

威爾斯㹴

Welsh Terrier

犬種號碼　78
小型犬
第3類

血統繼承自已絕種的犬種

朝氣蓬勃的㹴犬

Welsh Terrier

威爾斯㹴是由已絕種的「黑褐㹴」和「古代英國㹴」混血配種而成。西元1760年左右，英國公認為正式的犬種之一。

身為㹴犬，威爾斯㹴的個性非常活潑開朗、朝氣蓬勃、好動，總是活蹦亂跳地彷彿在找些什麼似地，而且好奇心旺盛，只要發現感興趣的事物就會沉迷其中。此外非常喜歡親近家人，即使已經熟睡，只要感覺主人靠近，就會立刻跳起來朝主人飛奔而去。然而，威爾斯㹴平時雖然會聽從主人的命令，但是由於其警戒心比一般的狗高，個性又相當固執，一旦決定之後便絕對不退讓，因此很容易和周遭的狗發生爭執，一旦開始吵架，可能連飼主也無法控制，因此務必隨時注意。

BREEDING・DATA

身　高…♂38.5cm（♀較♂稍小）
體　重…♂9～10kg（♀9kg以下）
價　格…未定
原產國…英國

耐寒度　運動量　清潔保養

30分鐘×2次

飼養難易度

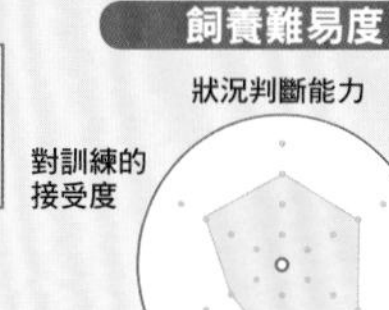

性格　好奇心旺盛、對飼主順從、警戒心強、頑固

容易罹患的疾病
關節疾病、皮膚疾病

美國史大佛夏㹴

American Staffordshire Terrier

犬種號碼　286
中型犬
第3類

屬於大型的史大佛夏㹴

American Staffordshire Terrier

不適合初次飼養者

19世紀時，美國引進史大佛夏牛頭㹴，將其改良成體型更加壯碩的大型鬥犬。西元1900年起禁止鬥犬，但是地下鬥犬仍舊持續進行，不斷改良的結果，便產生了凶狠強悍的美國比特犬。起初，美國史大佛夏㹴和美國比特犬隸屬於同一犬種，但是目前兩者已被視為不同的犬種。

雖然美國史大佛夏㹴天生好鬥，但是只要飼主滿懷愛心、耐心地訓練，終會成為忠實的狗。由於一旦缺乏社會性，就會出現任性、凶狠的一面，飼主務必小心注意，也因此不適合初次飼養者冒然飼養。

BREEDING・DATA

身　高…43～48cm
體　重…18～23kg
價　格…未定
原產國…美國

耐寒度　運動量　清潔保養
30分鐘×2次

性格 對飼主順從、抗壓力強、鬥爭心旺盛

容易罹患的疾病
髖關發育不良、腫瘤、白內障

飼養難易度

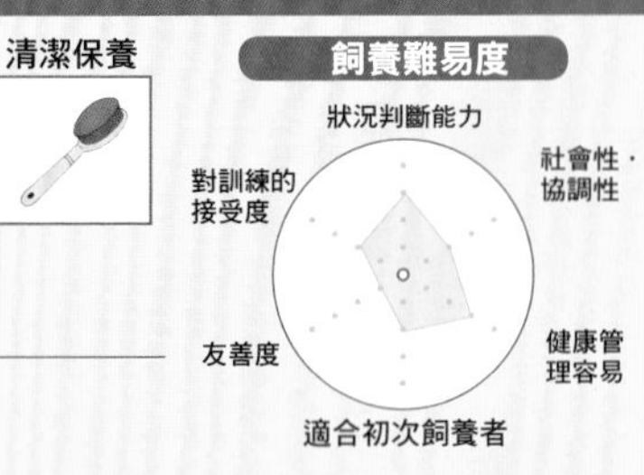

波隆納犬

Bologness

犬種號碼　196
小型犬
第9類

被毛的清潔保養
手續輕鬆的絨毛犬

被毛的清潔保養意外地輕鬆簡單

Bolognese

波隆納犬和捲毛比熊犬、哈瓦那犬、圖萊亞爾絨毛犬、羅秦犬關係非常密切，一般認為其基礎犬種應該相同。

性格沉穩、拘謹，不會過度興奮忘我、大肆喧鬧。波隆納犬害羞、怕生，但是對家人卻非常溫柔、敦厚、愛撒嬌，當然也會對家人懷著滿滿的愛。

在室內玩玩遊戲的運動量，對波隆納犬而言就已足夠。但是在光滑的地板上玩要時，可能會傷害關節，飼主務必小心注意。基本上，波隆納犬屬於健康的犬種，照料方面不會太費事。另外，觀其外表，被毛的清潔保養似乎很麻煩，但是只要每天為愛犬刷毛梳整，以及一個月修剪一次即可，一點也不困難。

BREEDING・DATA

身　高…25～31cm
體　重…3～4kg
價　格…15～20萬日圓
原產國…義大利

性格 溫和敦厚、溫柔體貼、愛撒嬌

容易罹患的疾病
關節疾病

耐寒度　運動量　清潔保養
10分鐘×2次

飼養難易度
狀況判斷能力　社會性・協調性　健康管理容易　適合初次飼養者　友善度　對訓練的接受度

貝林登㹴

Bedlington Terrier

犬種號碼 9
中型犬
第3類

頂著一頭飛機頭的好動型㹴犬

Bedlington Terrier

亦有歐斯底里的一面

貝林登㹴自頭部覆蓋至鼻梁的被毛，宛如頂著一頭飛機頭一般。相傳西元1825年，一位名叫約瑟夫・安斯利的人於英國諾森伯蘭郡的貝林登市開始繁殖的犬種即為其祖先。

個性非常好動，移動迅速、精力充沛。但是，貝林登㹴終究屬於㹴犬類，一旦養成任性的個性，可能會成為歐斯底里的淘氣鬼，如此一來，飼主也會難以應付、控制，因此建議於幼犬時期開始，就開始培養狗狗的社會性，並好好地加以訓練。

一旦訓練完成，貝林登㹴會成為有著美麗容貌、楚楚可愛，高貴優雅而令人著迷的狗。其性格非常纖細、感情豐富，對於認同的主人會表達出深厚的愛。

BREEDING・DATA

身　高…38～43cm
體　重…8～10kg
價　格…18～25萬日圓
原產國…英國

性格 好奇心旺盛、對主人感情深厚、纖細、神經質、急躁

容易罹患的疾病
肝炎、眼部疾病、內分泌系統疾病

耐寒度　運動量　清潔保養

30分鐘×2次

飼養難易度

比利時格里芬犬

Belgian Griffon

犬種號碼　81
小型犬
第9類

比利時犬三兄弟中的黑色&黃褐色種

繁殖部分必須諮詢獸醫

Belgian Griffon

屬於比利時犬三兄弟之一，被毛顏色為黑色＆黃褐色的犬種，其主要的特徵之一是鬍鬚般的嘴毛。FCI（世界畜犬聯盟）將三兄弟各自認定為不同犬種。過去日本將三兄弟皆註冊為布魯塞爾格里芬犬犬種，近2年來才認定分屬於不同的犬種。

比利時格里芬犬雖然看起來好像很難搞，但是個性非常開朗、聰敏，平時像㹴犬一樣吵鬧、機靈，但是對陌生人卻非常有戒心，相當神經質，有時候甚至會對陌生人大聲吠叫，因此飼主務必訓練牠能夠聽從飼主的指示，以免驚嚇到訪客。相反地，一般家庭中，牠也能發揮看守犬的作用。

比利時格里芬犬經常需要採用剖腹方式生產，因此繁殖部分務必先諮詢獸醫。

BREEDING · DATA

身　高…18～20㎝
體　重…2.5～5.5kg
價　格…未定
原產國…比利時

性格 開朗、機靈

容易罹患的疾病
關節疾病、眼部疾病、尿道疾病

耐寒度　運動量　清潔保養

10分鐘×2次

飼養難易度

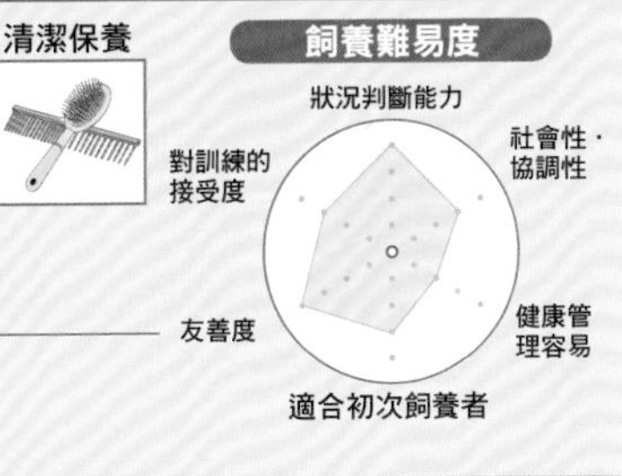

丹第丁蒙㹴

Dandie Dinmont Terrier

犬種號碼 168
小型犬
第3類

彷彿戴著一頂棉帽的古典㹴犬

注意均衡的飲食和運動

Dandie Dinmont Terrier

丹第丁蒙㹴屬於古典㹴犬的一種，外表彷彿戴著一頂棉帽的獨特模樣，在所有犬種中亦屬少見。而名字則是以西元1814年，歷史小說家沃爾特・史考特所撰寫的小說《蓋梅納寧》（Guy Mannering）中農場主人的名字命名。

丹第丁蒙㹴雖然屬於㹴犬類，但是卻不同於其他調皮、喧鬧的㹴犬，非常沉著穩重，一點也不吵鬧，是個性安靜、穩重的和平主義者，不喜歡熱鬧。

丹第丁蒙㹴身長腿短的體型，來回奔跑的模樣煞是可愛。玩心重，時常活蹦亂跳，不過，容易因上下樓梯的落差而傷及背脊，罹患椎間板突出的症狀，飼主務必小心注意。另外，肥胖也會造成椎間板突出，因此，注意均衡的飲食和運動也很重要。

BREEDING・DATA

身　高…20～28cm
體　重…8～11kg
價　格…20～25萬日圓
原產國…英國

性格 活潑、穩重、順從

容易罹患的疾病
外耳炎、關節疾病、椎間板突出、皮膚病

耐寒度　運動量　清潔保養

20分鐘×2次

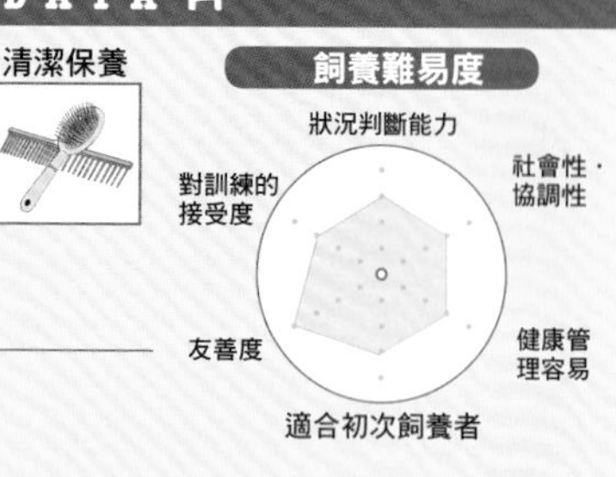

長鬚牧羊犬

Bearded Collie

犬種號碼 271
中型犬
第1類

曾經瀕臨絕種的農場犬

懂得隨機應變行事

Bearded Collie

第一次世界大戰之際，長鬚牧羊犬的數量大幅減少，曾經瀕臨絕種的命運，但是蘇格蘭一般農場裡所飼養的牧羊犬劫後餘生，才得以繼續保留下來。

身上密佈著豐厚的長被毛，臉上也覆滿了長毛。具備凡事為家人著想的個性，對小朋友也很溫柔。幼犬時期特別調皮，雖然不太容易，但務必要好好地控制狗狗。

幼犬。

一旦長大成犬，就能夠安靜穩定地獨力看守家門。如果深夜出現異狀，會大聲吠叫通知飼主。由於擁有卓越的狀況判斷能力，所以凡事都能隨機應變；感受性強烈，能夠敏銳地感受到主人的愛，主人對牠付出的愛越多，越能讓牠成為一隻完美的家庭犬。

但是由於運動量太過龐大，每天長時間的散步是不可或缺的功課。另外，嘴邊的被毛容易因飲食而弄髒，務必勤加保持清潔。

BREEDING · DATA

身　高…51～56cm
體　重…18～27kg
價　格…15～25萬日圓
原產國…英國（蘇格蘭）

性格 好動、喜歡惡作劇、愛撒嬌

容易罹患的疾病
關節疾病、視網膜萎縮等眼部疾病

耐寒度　運動量　清潔保養

60分鐘×2次

飼養難易度

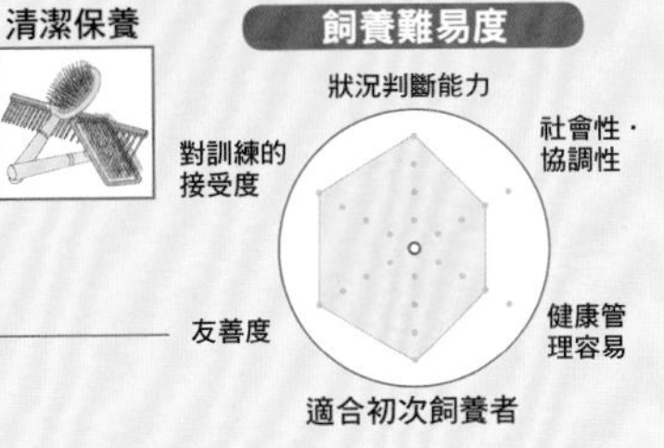

比利時格羅安達牧羊犬

Belgian Shepherd Dog Groenendael

犬種號碼　15
大型犬
第1類

烏黑的長毛牧羊犬

Belgian Shepherd Dog Groenendael

嚴厲的訓練會產生反效果

比利時牧羊犬有四種類型，比利時格羅安達牧羊犬是其中之一。格羅安達牧羊犬的名字是繁殖專家以經營的餐廳名字所命名，是所有比利時牧羊犬中最受到世人歡迎的犬種。

感情豐富、敏感纖細，謹慎行事、聰明敏銳。而嚴厲的訓練則會有反效果。飼主必須自幼犬時期開始，就儘量讓牠和其他的狗接觸，藉以培養社會性。

為滿足其龐大的運動量，需要每天長時間、長距離的散步，如果可以的話，最理想的做法是在安全又寬敞的空間讓愛犬自由運動。

為了讓身上的被毛常保烏黑亮麗，必須每天刷毛，而且最好能夠準備清除脫毛用的針梳和增添光澤的鐵扁梳。

幼犬。

BREEDING · DATA

身　高…56～66cm
體　重…28kg
價　格…18～25萬日圓
原產國…比利時

性格　感情豐富、領悟力高、神經質、脾氣暴躁

容易罹患的疾病
過敏、髖關節發育不良、皮膚炎

耐寒度　運動量　清潔保養
60分鐘×2次

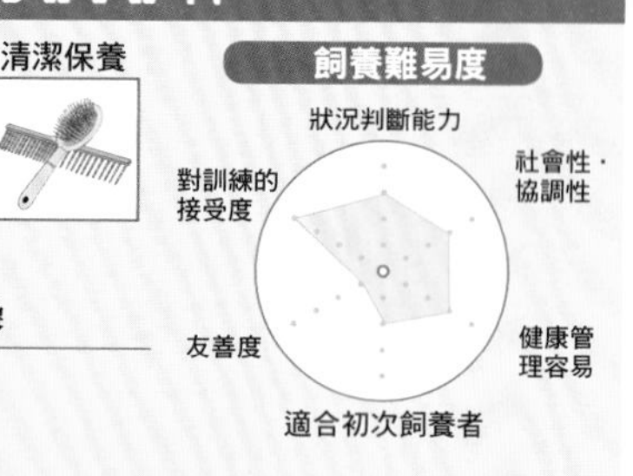

蘭伯格犬

Leonberger

犬種號碼 145
大型犬
第2類

外觀形似獅子的犬種

溫柔又敦厚的巨型犬

Leonberger

西元1846年，德國蘭伯格市的繁殖專家海因里希・依薩格，培育出外觀形似獅子的犬種，並以地名來命名。此種骨骼粗大、體型結實的犬種，人氣扶搖直上，深受澳洲、法國、英國和義大利等王室喜愛。但是第二次世界大戰時，因糧食不足而幾乎瀕臨絕種。其後透過愛犬人士的努力，才能殘存至今日。

蘭伯格犬的性格溫和敦厚、抗壓力強、溫柔體貼，可以成為小朋友的玩伴。對家人完全沒有攻擊性，幾乎不會亂吠，同時也能夠非常正確地判斷周遭狀況，為了守護家人的財產安全，對於異常的情況會勇敢地挺身而出。無論是體格或脾氣，都是值得信賴的好伙伴。

幼犬。

BREEDING・DATA

身　高…♂65～80cm（♀較♂稍小）
體　重…♂34～50kg（♀較♂稍輕）
價　格…30～50萬日圓
原產國…德國

性格 活潑、開朗、溫柔、乖巧

容易罹患的疾病
關節疾病、皮膚病

耐寒度　運動量　清潔保養

60分鐘×2次

飼養難易度

狀況判斷能力
社會性・協調性
健康管理容易
適合初次飼養者
友善度
對訓練的接受度

日本㹴

Japanese Terrier

犬種號碼 259
小型犬
第3類

日本唯一的㹴犬類犬種

在家一條龍、出外一條蟲

Japanese Terrier

可愛的日本㹴是日本改良的唯一的㹴犬。以西元1700年代自荷蘭渡海而來的短毛獵狐㹴為基礎，加上玩具曼徹斯特㹴和義大利靈緹等混血配種之後，再進一步改良而成的品種，正是日本㹴犬的祖先。

個性方面有一點「在家一條龍、出外一條蟲」的感覺，和家人在一起時非常活潑開朗，然而在陌生人面前時就會害怕得直發抖，也有部分的日本㹴在稍微熟悉之後會不斷向對方大聲吠叫。

對於不感興趣的事物，完全不會多加反應，因此對飼主而言，如何進行訓練的確是一個難題。這時不妨在訓練的過程中加入一些遊戲，以引起牠的興趣。

日本㹴不耐嚴寒，因此冬天時務必為牠準備保暖用的禦寒衣物。

BREEDING · DATA

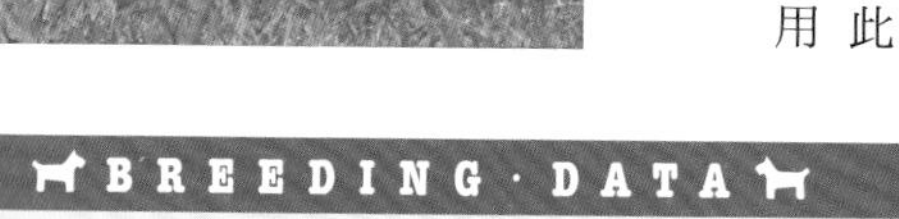

- **身　高**…30～33cm
- **體　重**…5kg左右
- **價　格**…15～25萬日圓
- **原產國**…日本

性格 好奇心旺盛、活潑開朗、溫和敦厚、愛撒嬌

容易罹患的疾病
關節疾病、骨折、皮膚病

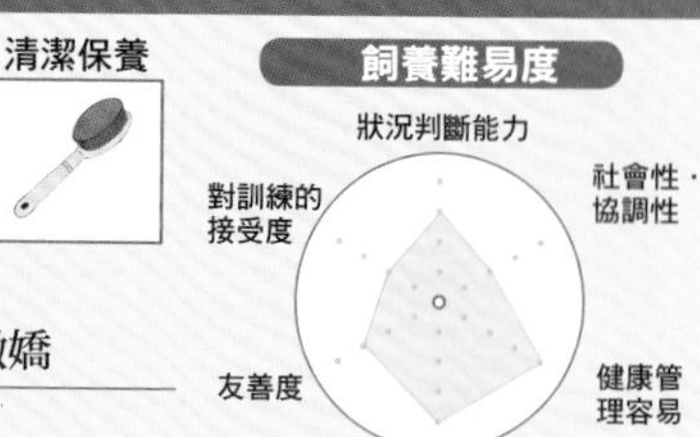

史奇派克犬

Schipperke

犬種號碼　83
小型犬
第1類

和比利時牧羊犬是近親 兩者的基礎犬相同

要注意其旺盛的好奇心

很難讓人相信，其祖先犬和比利時牧羊犬是近親。比利時牧羊犬是由比利時法蘭德斯省飼養的一種名為魯貝納爾的黑色牧羊犬所改良而成的大型犬，至於改良後的小型犬則稱為史奇派克犬。1880年，史奇派克犬首次參展，1888年則以「小船長」或「小船員」之意的「schipperke」正式定名。

史奇派克犬能夠迅速地奔馳，對周遭的人抱持著高度的警戒心，但有時也可能視當場的氣氛而向人示好。好奇心旺盛，可以跟貓或其他的狗相處融洽。不過散步時若發現貓的身影，可能會不理會飼主的制止而上前追趕，因此飼主務必小心注意。

BREEDING · DATA

身　高…25.5～33cm
體　重…5.4～7.3kg
價　格…未定
原產國…比利時

性格 親和力十足、溫柔、感情豐富

容易罹患的疾病
過敏、眼部疾病、髖關節發育不良、皮膚病

耐寒度　運動量　清潔保養
30分鐘×2次

飼養難易度

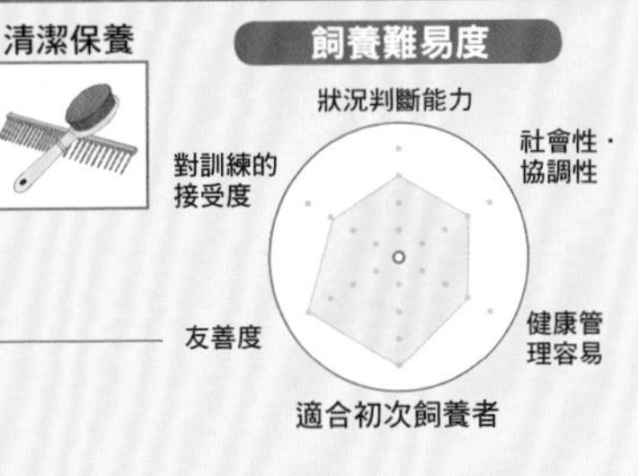

克倫伯獵犬

Clumber Spaniel

犬種號碼	109
中型犬	
第8類	

個性悠哉
最重量級的獵犬

個性如外表般安靜

Clumber Spaniel

克倫伯獵犬屬於全身圓滾滾、胖嘟嘟的犬種，卻是很出色的獵犬。西元1768年誕生於法國，成為全世界最重量級的獵犬。法國大革命之際曾遷移至英國克倫伯公園一帶，其後經過不斷改良而成為目前的模樣。

如同其文靜的外表，克倫伯獵犬的個性溫和敦厚、沉著穩重。由於不會到處喧鬧，所以也不一定適合擔任看守犬的任務。陌生人靠近時會有所警覺，但是態度卻非常冷淡，表現出一副儘量不要和自己扯上關係的樣子。不過並不會對人存有敵意，因此只要能讓牠敞開心房，牠也會向人撒嬌。

正因為不夠活潑，所以屬於容易肥胖的體質，儘管無需做到讓牠在戶外跑來跑去直到筋疲力盡的程度，但是每天仍然必須保持適度的運動。另外，飲食的管理也不可懈怠，均衡的飲食和運動是很重要的一環。

BREEDING · DATA

- 身　高…43～51cm
- 體　重…25～39kg
- 價　格…未定
- 原產國…英國

性格 溫和敦厚、溫文爾雅、順從、我行我素

容易罹患的疾病
眼瞼異常、髖關節發育不良、椎間板突出、皮膚病

耐寒度　運動量　清潔保養

30分鐘×2次

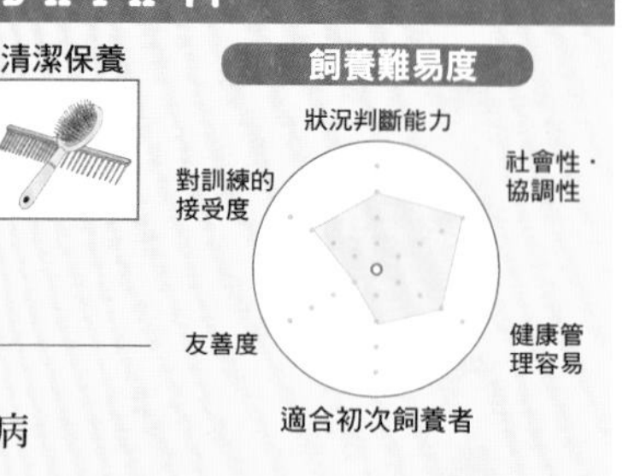

愛爾蘭獵狼犬

Irish Wolfhound

犬種號碼 160
大型犬
第10類

身高世界第一的犬種

除了須注意運動量以外容易飼養

Irish Wolfhound

愛爾蘭獵狼犬堪稱全世界最高大的犬種，其龐大的身軀極具壓迫感，甚至讓人感覺不到牠只是一隻狗。但是臉上的表情卻散發著無以言喻的溫柔，氣質沉穩內斂，是器宇非凡的和平主義者。歷史悠久，西元393年留下了有關愛爾蘭獵狼犬最早的文獻記載，據說當時是羅馬人用來從事警備、狩獵和戰鬥的犬種。

愛爾蘭獵狼犬非常信賴主人，對家人也一樣體貼、關懷，擁有卓越的狀況判斷能力，沒有想像中的難以應付。但是為了為其巨大的身軀保持健康，需要龐大的運動量，因此只有有能力每天長時間陪伴牠的飼主比較適合飼養。而且一般日本的居住環境恐怕也不適合。

BREEDING · DATA

身　高…76～86㎝
體　重…48～54kg
價　格…未定
原產國…愛爾蘭

性格 極為沉穩、感情豐富、順從

容易罹患的疾病
胃扭轉、眼部疾病、髖關節發育不良

耐寒度

運動量
60分鐘×2次

清潔保養

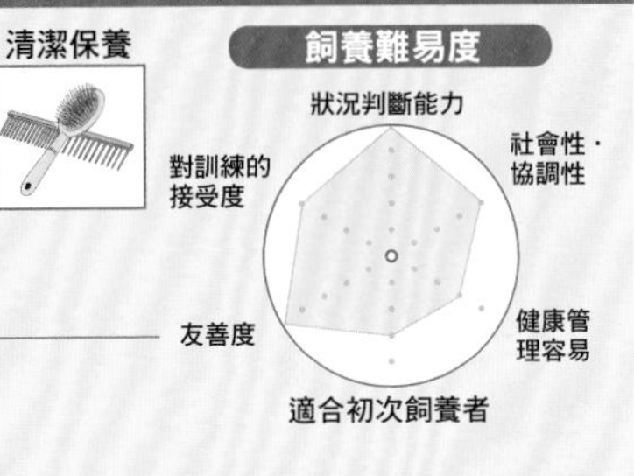

西里漢㹴

Sealyham Terrier

犬種號碼　148
小型犬
第3類

萬能的狩獵㹴

相當頑固的犬種

Sealyham Terrier

西里漢㹴外表形似雪白的蘇格蘭㹴和迷你雪納瑞犬，乃西元1850～1891年間由英國威爾斯的約翰愛德華上校，混合了丹第丁蒙㹴、剛毛獵狐㹴、西部高地白㹴等所培育而成的犬種。其主要目的為捕獵水獺、狐狸和獾等動物，無論是獵物躲藏的地底洞穴、茂密的荊棘叢、冰冷的水中等任何艱苦的環境，都不怕苦不怕難，勇往直前，堪稱是萬能的獵犬。

西里漢㹴的個性非常好勝，愛吵架，對陌生人不會放下戒心，而且相當頑固，不會遵從不認同的事情或不合理的命令。西里漢㹴對家人會展現溫柔的一面，但是面對陌生人或其他的狗時，飼主應該要小心注意。

BREEDING・DATA

身　高…25～27㎝
體　重…8～9kg
價　格…未定
原產國…英國（威爾斯）

性格 勇氣十足、好勝、順從、勇敢果斷

容易罹患的疾病
眼部疾病、關節炎、椎間板突出

耐寒度
運動量　30分鐘×2次
清潔保養

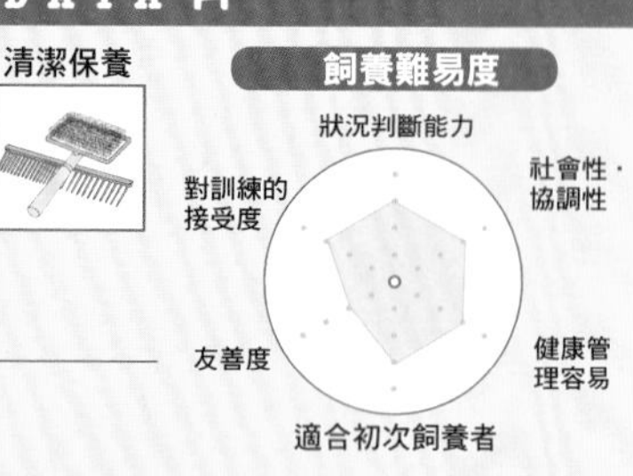

波蘭低地牧羊犬

Polish Lowland Sheepdog

犬種號碼 251
中型犬
第1類

覆滿了長被毛
表情令人難以捉摸

非常適合日本的居住環境

Polish Lowland Sheepdog

波蘭低地牧羊犬為長鬚牧羊犬的祖先，歐洲國家取其全名的第一個字母，暱稱為「PON」。由於前身是波蘭的牧羊犬，因此具有冷靜判斷狀況的能力和迅速解決問題的能力。

波蘭低地牧羊犬的性格非常溫和敦厚、順從，是不錯的家庭犬。另外，對待小朋友也非常溫柔。覆蓋全身的長被毛隱藏住其臉部的表情，因此感覺令人難以捉摸，但絕對不具攻擊性。只不過細長柔順的被毛容易糾結在一起，因此每天必須進行刷毛，梳整身上的被毛。有時可視不同的情況，在不破壞造型的原則下，為愛犬進行剪毛的作業。

波蘭低地牧羊犬的體型非常適合日本的居住環境，所以很容易飼養。

BREEDING · DATA

身　高…31～41cm
體　重…13～15kg
價　格…未定
原產國…波蘭

性格 狀況判斷能力佳、溫和敦厚、順從

容易罹患的疾病
關節疾病、皮膚病

耐寒度　運動量　清潔保養
30分鐘×2次

飼養難易度
狀況判斷能力
社會性・協調性
健康管理容易
適合初次飼養者
友善度
對訓練的接受度

小布拉巴肯犬

Petit Brabancon

犬種號碼 82
小型犬
第9類

比利時犬三兄弟中的短毛種

增加遊戲和運動量以防止肥胖

Petit Brabancon

布魯塞爾格里芬犬三兄弟中，屬於短毛種的正是小布拉巴肯犬，據說是與巴哥犬配種而成的。其性格與布魯塞爾格里芬犬和比利時格里芬犬相同，非常開朗、機靈。被毛的顏色分為紅色和黑&黃褐色兩種。黑&黃褐色的毛色和比利時格里芬犬一樣，但是小布拉巴肯犬臉上沒有鬍鬚似的被毛。

小布拉巴肯犬體型狀似巴哥犬一般嬌小，也可以在日本的公寓內飼養。但是由於屬於肥胖體質，因此務必保持均衡的飲食和運動。小布拉巴肯犬屬於不愛運動的犬種，因此外出散步時，最好能加入一些遊戲，提高其運動的意願。另外，臉部的皺褶之間容易藏污納垢，進而導致皮膚病，因此飼主務必每天保持愛犬臉部的清潔。

BREEDING · DATA

身　高…21～28cm
體　重…2.5～5.5kg
價　格…未定
原產國…比利時

性格 活潑、略微頑固、我行我素

容易罹患的疾病
眼部疾病、鼻孔狹窄、皮膚病

耐寒度　運動量　清潔保養

10分鐘×2次

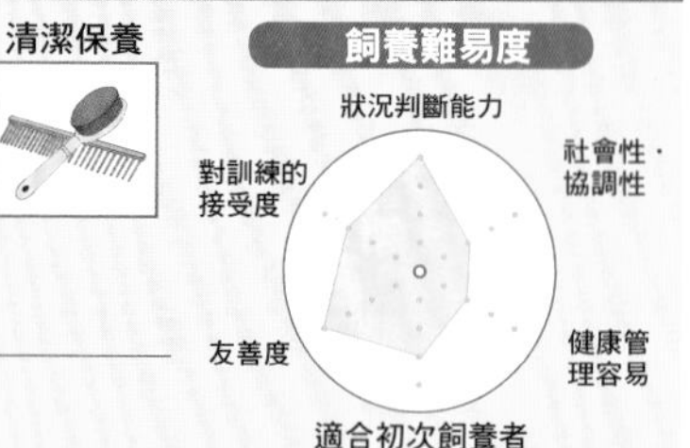

比利時馬利諾牧羊犬

Belgian Shepherd Dog Malinois

犬種號碼　15
大型犬
第1類

比利時牧羊犬中的短毛種

擁有強烈的責任感是值得信賴的夥伴

Belgian Shepherd Dog Malinois

比利時牧羊犬有四種類型，比利時馬利諾牧羊犬是其中唯一的短毛種。馬利諾牧羊犬源自於比利時特伏丹牧羊犬，於西元1891年才誕生。馬利諾牧羊犬一開始在歐洲國家就是廣為人知的犬種，但是在美國卻沒沒無聞，在1911年至第二次世界大戰期間才傳入美國。之後，直到1963年才被世人所認識，後來才被公認為正式的犬種。

馬利諾牧羊犬擁有高度的忠誠心，為守護家人的生命財產安全具有強烈的責任感，赴湯蹈火在所不惜。只要自己住家的勢力範圍出現異狀，馬利諾牧羊犬就會轉而具有攻擊性。但平時個性非常沉穩、溫馴，活潑開朗，親和力十足。

被毛的清潔與保養，只要每隔二、三天以鐵扁梳或獸毛刷為愛犬刷毛即可。

BREEDING · DATA

身　高…55～66cm
體　重…27.5～28.5kg
價　格…未定
原產國…比利時

性格 頭腦聰明、對信任的飼主忠誠

容易罹患的疾病
過敏、髖關節發育不良、皮膚病

耐寒度　運動量　清潔保養
60分鐘×2次

飼養難易度
狀況判斷能力
社會性・協調性
健康管理容易
適合初次飼養者
友善度
對訓練的接受度

波利犬

Puli

犬種號碼 55
中型犬
第1類

足以防禦外敵的辮子頭

被毛的清潔保養非常麻煩

Puli

波利犬豐厚的被毛讓人無法看清楚牠的表情，尤其是辮子狀的被毛，一定讓初次見到的人隱藏不住驚訝和笑意。波利犬誕生於16世紀，但是西元1900年初曾短暫消失一段時間。後來於西元1912年愛犬人士開始發起再生計劃，才讓波利犬繼續存活至今。

看守農場時，波利犬的辮子頭造型具有保護自己免於遭到狼群咬噬的作用。

目前，一般家庭飼養波利犬時最麻煩的工作，就是被毛的清潔和保養，因此進行剪毛是最理想的做法，但如此一來也失去波利犬的獨特魅力了。因此儘管清潔保養的工作麻煩，也不妨讓被毛繼續生長，以保有辮子頭的獨特造型。但走路時拖著辮子狀的被毛，可能會讓毛尾沾滿灰塵。

BREEDING・DATA

身　高…40.5～43cm
體　重…9～18kg
價　格…20～25萬日圓
原產國…匈牙利

性格 溫柔體貼、處處為家人設想、自尊心強

容易罹患的疾病
眼部疾病、關節疾病、皮膚疾病

耐寒度　運動量　清潔保養

30分鐘×2次

飼養難易度

狀況判斷能力
社會性・協調性
健康管理容易
適合初次飼養者
友善度
對訓練的接受度

法蘭德斯畜牧犬

Bouvier des Flandres

犬種號碼　191
大型犬
第1類

法蘭德斯區的看守犬

個性意外地頑固

Bouvier des Flandres

數百年來於比利時南方的法德蘭斯區忠實地擔起看守家畜、趕牛等工作。在日本，則因「法蘭德斯犬」這部卡通而聞名。然而全身覆蓋著黑色長毛的其實是非常好動的犬種。

雖然是工作犬，卻非常溫和敦厚、愛好和平，也很喜歡親近主人。在工作之外牠會完全放鬆，也非常喜歡撒嬌。但是無論工作或遊戲，只要有所矛盾或不合理，就會表現出頑固的一面。不妨在遊戲時盡情遊戲，發出命令或工作時務必清楚明確而不可含糊。

擁有非常驚人的體力，能夠承受艱困、沉重的工作。因此務必要先做好「需要每天長時間、長距離的散步」的心理準備，最好有一個可以自由玩耍的空間，但這對大都市而言無疑是天方夜譚。因此建議不妨以快走的方式運動。

BREEDING · DATA

身　高…60～70㎝
體　重…27～40kg
價　格…15～25萬日圓
原產國…比利時及法國(法蘭德斯區)

性格　乖巧、溫和敦厚、頑固、我行我素

容易罹患的疾病
關節疾病、腫瘤、消化器官機能障礙

耐寒度
運動量

60分鐘×2次
清潔保養

飼養難易度
狀況判斷能力
社會性・協調性
健康管理容易
適合初次飼養者
友善度
對訓練的接受度

巨型雪納瑞犬

Giant Schnauzer

犬種號碼 181
大型犬
第2類

體積最龐大的雪納瑞犬兄弟

優秀的萬能犬

Giant Schnauzer

為了培育出比標準型雪納瑞犬更強而有力的大型雪納瑞犬，西元1600年代，於德國將標準型雪納瑞犬加上大丹狗、法蘭德斯畜牧犬和標準型貴賓狗經過配種，巨型雪納瑞犬便於此誕生。

巨型雪納瑞犬是優秀的萬能犬，聰敏、學習力佳，能夠冷靜地判斷狀況，並採取正確的行動。一直以來從事著諸如警犬、趕牛犬和警護犬等多項勞動工作。

平時不會過度興奮、喧鬧，以家庭犬而言，個性乖巧、沉穩。巨型雪納瑞犬對主人具有高度的忠誠心和責任感，對家人也懷著滿滿的愛，是非常完美的夥伴。為了發揮其卓越的能力，進行訓練時必須保持一貫性，因此最好是經驗豐富的飼主或託付專業訓練師指導。

BREEDING · DATA

身　高…60～70cm
體　重…32～35kg
價　格…20～30萬日圓
原產國…德國

耐寒度　運動量　清潔保養

60分鐘×2次

性格 冷靜、乖巧、感覺敏銳、防衛本能高

容易罹患的疾病
過敏、髖關節發育不良、尿道感染症、皮膚病

飼養難易度

狀況判斷能力
社會性・協調性
健康管理容易
適合初次飼養者
友善度
對訓練的接受度

羅德西亞背脊犬

Rhodesian Ridgeback

犬種號碼 146
大型犬
第6類

鬥獅的忠犬

擁有驚人的活力

Rhodesian Ridgeback

羅德西亞背脊犬是16～17世紀時，以南非霍坦托特族所飼養的獵犬為基礎，再加入獒犬、尋血獵犬和指示犬等配種而成的品種。羅德西亞背脊犬最大的特徵，即是自後頸至腰部之間的被毛上，有一條豎起來的逆毛所構成的紋路。

19世紀後半，羅德西亞背脊犬主要用來獵捕獅子。活力充沛，正因為對象是獅子，所以勇氣十足。此外，

對飼主非常忠實，平時過著悠哉的生活，但是面對陌生人時會提高警覺，絕對稱不上友善。

短毛的羅德西亞背脊犬的清潔保養非常簡單，但是問題在於運動量。由於活力充沛，因此長時間、長距離的散步是不可或缺的，或許輕鬆地慢跑還嫌不夠呢！

BREEDING · DATA

身　高…61～69cm
體　重…30～34kg
價　格…未定
原產國…非洲南部

性格 卓越的狀況判斷能力、對飼主順從

容易罹患的疾病
關節疾病、內分泌疾病、皮膚病

耐寒度　運動量　清潔保養

60分鐘×2次

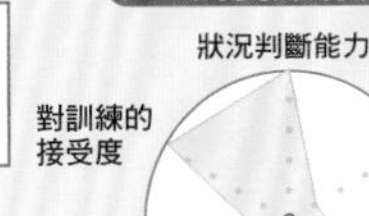

飼養難易度

狀況判斷能力
社會性・協調性
健康管理容易
適合初次飼養者
友善度
對訓練的接受度

西藏㹴

Tibetan Terrier

犬種號碼 209
小型犬
第9類

與世隔絕的犬種

頑固、不懂變通

西藏㹴的身世成謎，據說2000年來一直被飼養於西藏的喇嘛修道院內，因此得以維持純正的血統。14世紀的一場大地震，震毀了通往修道院的道路，因而長期與外界隔絕。直到1920年之後，才為俗世的世人所知。

西藏㹴非常聰明，懂得觀察周遭的狀況，依自己的判斷採取行動。相反地，也有其任性的一面，頑固、不懂變通。個性不會過度興奮、大聲喧鬧，而能對家人懷著滿滿的愛，然而面對陌生人時，又會提高警覺，表現冷淡。

西藏㹴的長被毛容易糾結在一起，因此飼主每天必須為愛犬刷毛，防止產生毛球，並且必須定期進行剪毛的工作。

BREEDING · DATA

身　高…♂36～41cm（♀較♂稍小）
體　重…8～13.5kg
價　格…15～25萬日圓
原產國…中國（西藏）

性格 好奇心旺盛、聰明、活潑開朗、頑固

容易罹患的疾病
過敏、眼部疾病、皮膚病

耐寒度

運動量

20分鐘×2次

清潔保養
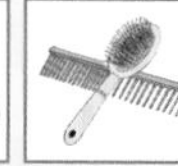

飼養難易度
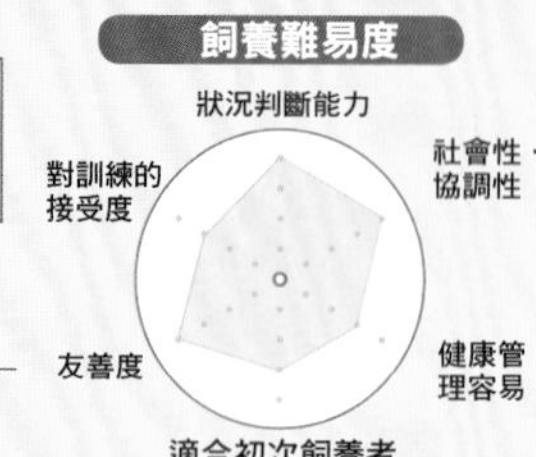

人氣排行 第101名

凱利藍㹴

Kerry Blue Terrier

犬種號碼 3
中型犬
第3類

擁有藍色被毛的美麗㹴犬

偶爾會發脾氣

Kerry Blue Terrier

起初此一犬種稱為愛爾蘭藍㹴，19世紀末，才以其出身地凱利山命名，而成為「凱利藍㹴」。

凱利藍㹴的個性大膽、積極，活潑開朗。偶爾會有一點吵鬧，容易親近，對陌生人卻會抱持戒心，即使後來熟悉、習慣了，也有種冷漠的感覺。不過，如果飼主能夠好好地為牠介紹的話，凱利藍㹴就不會忘記對方的臉，以後就會友善地對待朋友。此外，稍有一點不中意的地方，凱利藍㹴偶爾也會發脾氣，不過這個舉動也可說是撒嬌的一種。

幼犬時期的被毛是黑色，但是慢慢地長大之後，其捲曲的毛髮就會略帶藍色的美麗光澤，微捲的被毛清潔保養起來並不難，但是被毛長得滿快的，每6週就必須修剪一次。

BREEDING · DATA

身　高…44～50cm
體　重…♂15～18kg（♀較♂稍輕）
價　格…20～25萬日圓
原產國…愛爾蘭

性格 活潑、聰明、我行我素、急躁

容易罹患的疾病
過敏、眼部疾病、腫瘤、皮膚病

耐寒度　運動量　清潔保養

60分鐘×2次

飼養難易度

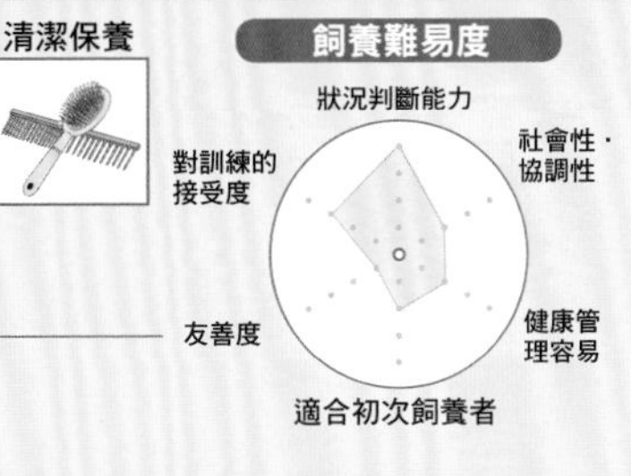

人氣排行 第102名

乞沙貝克獵犬

Chesapeake Bay Retriever

犬種號碼 263
大型犬
第8類

美國原產
最古老的犬種

過度聰明 不易應付

Chesapeake Bay Retriever

乞沙貝克獵犬是美國原產最古老的犬種，非常擅長水上活動。西元1807年，英國籍船隻在北美洲的馬里蘭海灘遇難，當時船上救出兩頭紐芬蘭幼犬，據說即是乞沙貝克獵犬的祖先。

乞沙貝克獵犬的個性活潑、溫柔又順從，學習能力佳，能夠吸收各種訓練內容。但是也正因為其頭腦聰明，若飼主的態度沒有一貫性，或對於訓練內容缺乏自信，會讓乞沙貝克獵犬看穿飼主的能力不足，而出現主從關係逆轉的情況，甚至可能會反抗或輕視飼主。因此，包含基礎訓練在內，應該由飼養經驗豐富、能夠確實進行訓練的人飼養，並不適合初次飼養者。

BREEDING · DATA

身　高…53～65cm
體　重…25～32.5kg
價　格…未定
原產國…美國

性格 活潑、溫和敦厚、順從、抗壓力強

容易罹患的疾病
關節炎、髖關節發育不良

耐寒度
運動量
60分鐘×2次
清潔保養

飼養難易度

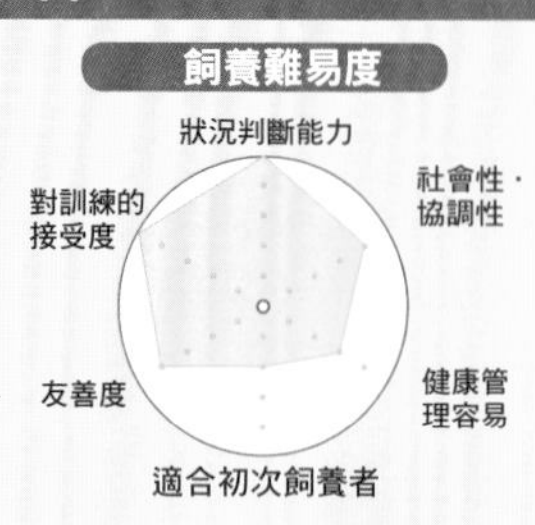

人氣排行第102名

泰國背脊犬

Thai Ridgeback Dog

犬種號碼 338
中型犬
第5類

存在於考古學記載的犬種

Thai Ridgeback Dog

在一般家庭飼養需要豐富的經驗

泰國背脊犬和羅德西亞背脊犬一樣，在後頸至腰部的被毛上，也有一條豎起來的逆毛所構成的紋路。其祖先犬為原始犬種，可在約350年前的泰國古籍上發現關於此犬種的記載。

泰國背脊犬的個性非常獨立、安靜、沉著冷靜，但是卻擁有高度的防衛能力，可以保護家人的生命財產安全，是一名優秀的看守犬。由於過去曾扮演獵犬的角色，因此有時候會以狂吠的方式威嚇對方，甚至採取攻擊性的態度。

一般家庭不容易飼養泰國背脊犬，儘管天性聰敏，但是與其認為牠是寵物，倒不如說是獨立性高的夥伴，因此，即使是經驗豐富的人，要完成訓練恐怕也很辛苦。幼犬時期開始的溝通非常重要，務必讓泰國背脊犬經常待在家人的身邊。

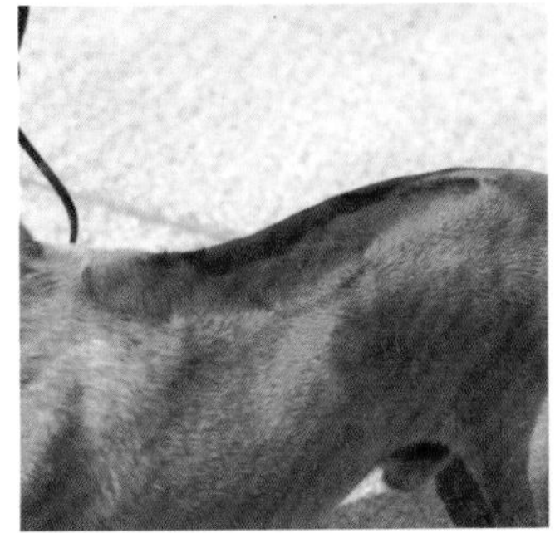

背上有一道逆毛的紋路。

BREEDING · DATA

身　高…58～66㎝
體　重…23～24kg
價　格…未定
原產國…泰國

性格　獨立、我行我素、溫和敦厚、冷靜、警戒心強

容易罹患的疾病
皮膚病

耐寒度　運動量　清潔保養

60分鐘×2次

飼養難易度

狀況判斷能力
社會性・協調性
健康管理容易
適合初次飼養者
友善度
對訓練的接受度

澳洲牧牛犬

Australian Cattledog

犬種號碼 287
中型犬
第1類

外表平凡 卻極具能力

過度聰明 略神經質

Australian Cattledog

澳洲牧牛犬的外表平凡，沒有什麼獨特之處，不過卻擁有高度的能力，對主人非常忠實，會以堅強的忍耐力服從主人所下的任何命令，忠誠度百分百。判斷力也很卓越，對於每項命令都會先充分理解自己的責任，並敏捷地行動。

澳洲牧牛犬的別名是昆士蘭赫勒犬（Australian Heeler）或藍赫勒犬（Blue Heeler），以咬住牛隻的腳踝（heeler）追趕牛群而得名。據說，其祖先是澳洲的英國移民所引進的馬達加斯加原產的狗。

由於過度聰明而略顯得神經質，而且非常怕生，當對陌生人的恐懼升高時，可能會突然轉變為具攻擊性的狗，因此務必隨時注意。

澳洲牧牛犬屬於短毛種，非常能夠承受嚴峻的天候。平時只要以稍硬的獸毛刷定期梳理被毛即可，絲毫不費力。

BREEDING · DATA

身　高…43～51cm

體　重…16～20kg

價　格…未定

原產國…澳洲

耐寒度　運動量　清潔保養

60分鐘×2次

性格 對飼主忠實、抗壓力強、略神經質

容易罹患的疾病

重聽

飼養難易度

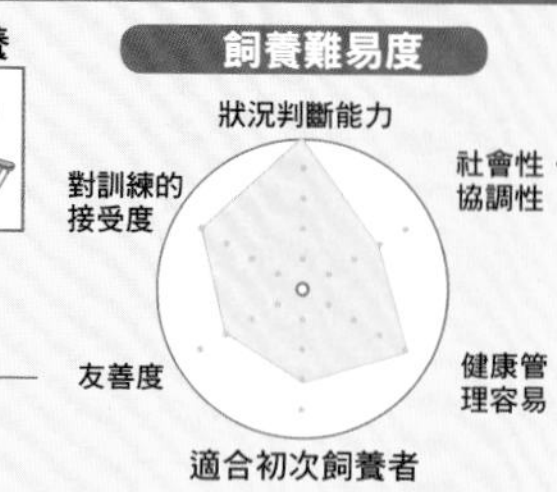

鬥牛獒犬

Bull Mastiff

犬種號碼　157
大型犬
第2類

鬥獅的勇猛犬種

能力超越看守犬的警衛犬

相傳西元1871年曾與獅子打鬥的鬥牛獒犬，如其輝煌的記錄一般，個性非常勇猛果斷、冷靜，但是事實上其性格並不凶殘，反而意外地安靜、穩重。鬥牛獒犬具有天真無邪的一面，對於認同的飼主，甚至會靠近過來向飼主撒嬌，而且對待小朋友和貓等其他動物也非常溫柔體貼。

不過，一旦進入緊急狀況，為了保護家人的生命財產安全，鬥牛獒犬會變身成為強而有力的警衛犬。對入侵者或不速之客絕對不會放過，因此飼主必須訓練牠聽從命令，避免牠再繼續攻擊對方。

鬥牛獒犬屬於健康的犬種，不過有一點易胖的傾向。為了鍛鍊其足部和腰部，每天需要龐大的運動量。因此飼主務必考慮到飲食和運動的均衡。

BREEDING · DATA

身　高…61～69㎝
體　重…45～59kg
價　格…25～35萬日圓
原產國…英國

性格 對信任的飼主忠誠、好勝

容易罹患的疾病
眼瞼異常、髖關節發育不良、內分泌系統障礙

耐寒度　運動量　清潔保養

60分鐘×2次

飼養難易度
狀況判斷能力
社會性・協調性
健康管理容易
適合初次飼養者
友善度
對訓練的接受度

鬆獅犬

Chow Chow

犬種號碼 205
中型犬
第5類

淡薄的反應 圓滾滾的外形

即使不願意也需要運動

形似幼熊的鬆獅犬，自西元1970年代首支電視廣告曝光之後，在日本掀起一陣不小的風潮。鬆獅犬屬於2000多年前即已存在的犬種，當時蒙古人將之運用於狩獵和看守方面，後來亦將之活用在肉品和毛皮的需求上。而在中國，據說直到最近也是將鬆獅犬做為食用犬來養殖的。

鬆獅犬個性並不活潑，不會對周遭的人示好，反應有點淡薄。鬆獅犬會對飼主表露情感，但天性怕麻煩，不會主動表現出想外出散步的意願。特別是日本夏季高溫潮濕的氣候條件，對於擁有豐厚被毛的鬆獅犬而言太過嚴苛，因此如果能夠待在涼爽的室內睡覺，會讓牠感覺特別幸福。但也因此容易造成肥胖的問題，所以如果無法控制愛犬飲食的話，最重要的是要做好其運動管理。

BREEDING · DATA

身　高…43～51cm
體　重…20～32kg
價　格…12～20萬日圓
原產國…中國（廣東省為主）

性格 神經質、警戒心強

容易罹患的疾病
眼部疾病、髖關節發育異常、內分泌系統疾病、軟口蓋過長

耐寒度

運動量

30分鐘×2次

清潔保養

飼養難易度
狀況判斷能力
社會性・協調性
健康管理容易
適合初次飼養者
友善度
對訓練的接受度

猴㹶

Affenpinscher

犬種號碼	186
小型犬	
第2類	

起初為大型的害獸驅除犬

擁有一種完全不像狗的表情

Affenpinscher

在17世紀誕生的猴㹶，據說當時的體型比目前更龐大。其實猴㹶當時的工作即是驅逐廚房和馬廄的鼠患，後來受到貴族之間的喜愛，才開始進行品種改良，於是形成目前的模樣。

猴㹶的名字即是「貌似猿猴的臉孔」之意，的確，猴㹶臉上流露的表情完全不像狗。其雙眼閃爍光芒、好奇心旺盛，對任何事物都非常感興趣，同時也喜歡惡作劇，非常調皮。其略顯憨厚的性格，極為可愛，讓人不覺莞爾。

幼犬。

儘管如此，當陌生人突如其來地接近時，便彷彿著了火似的激烈地狂吠，這是猴㹶膽小的一面。因此自幼犬時期開始，不妨儘量讓愛犬和其他的狗或朋友接觸，藉以培養其社會性。

BREEDING · DATA

- **身　高**…25～30cm
- **體　重**…3～4kg
- **價　格**…未定
- **原產國**…德國

性格 活潑開朗、好奇心旺盛、愛撒嬌、警戒心強

容易罹患的疾病
眼部疾病、皮膚疾病

耐寒度　運動量　清潔保養

10分鐘×2次

飼養難易度

狀況判斷能力
社會性·協調性
健康管理容易
適合初次飼養者
友善度
對訓練的接受度

俄羅斯玩具㹴

Russian Toy Terrier

犬種號碼 148
小型犬
第9類

因國家之間的利益衝突而影響發展的犬種

可愛程度堪稱頂級

Russian Toy Terrier

俄羅斯玩具㹴屬於比較新的犬種，日本一直以來就只有少部分的人認識。20世紀初，英國玩具㹴才開始傳入俄羅斯。之後由於受到戰爭的影響，飼養的數量開始銳減。另外又因為國家之間的利益衝突，導致西元1920～1950年間禁止進口。直到1950年代中葉才開始進行復育，俄羅斯玩具㹴於是誕生。

外形華麗、展現可愛魅力的俄羅斯玩具㹴，其跳躍般的走路姿態富有節奏感，令人莞爾。依被毛的不同，分成長毛種和短毛種兩種類型，兩者的個性也不盡相同。長毛種溫和敦厚、溫柔體貼，而短毛種性格則活潑、略微好勝。俄羅斯玩具㹴對陌生人有時候會激烈地大聲狂吠，但是天性其實不具攻擊性，只是因為比較膽小罷了。

長毛種。

短毛種。

BREEDING · DATA

身　高…20～26cm
體　重…1.3～2.7kg
價　格…未定
原產國…俄羅斯

性格 溫和敦厚、溫柔、好勝又活潑、膽小

容易罹患的疾病
眼部疾病、關節疾病、皮膚疾病

耐寒度　運動量　清潔保養

10分鐘×2次

飼養難易度

狀況判斷能力
社會性・協調性
健康管理容易
適合初次飼養者
友善度
對訓練的接受度

沙皮狗

Shar Pei

犬種號碼　309
中型犬
第2類

滿臉皺紋加上藍舌頭 和鬆獅犬是親戚

Shar pEI

和鬆獅犬是近親？

沙皮狗滿臉皺紋、體表粗糙，一副讓人完全猜不透的冷漠表情。「沙皮」的名字意味著「沙粒般的皮膚」。有一種說法，認為沙皮狗的祖先是鬆獅犬，如果將沙皮狗臉上的被毛剪短，似乎確實和鬆獅犬有幾分相似，而且兩者之間都有藍舌頭這個共同的特徵。

幼犬時期的沙皮狗全身皺巴巴的，模樣非常怪異。鬆弛的皮膚，會隨著成長而逐漸緊實，最終只留下臉上的皺褶。由於臉部的皺褶容易藏污納垢，因此飼主務必每天保持清潔。

沙皮狗不會對陌生人諂媚、示好，卻會對家人表露情感。另外，由於個性頑固、自視甚高，對於不合理的事情可能會加以反抗。不過基本上，沙皮狗的抗壓力強，不具攻擊性。

BREEDING · DATA

身　高…46～51㎝

體　重…18～23kg

價　格…18～30萬日圓

原產國…中國

性格 自尊心強、頑固、對飼主的感情深厚

容易罹患的疾病
過敏、眼部疾病、皮膚病

耐寒度　運動量　清潔保養

30分鐘×2次

飼養難易度
狀況判斷能力
社會性·協調性
健康管理容易
適合初次飼養者
友善度
對訓練的接受度

不列塔尼獵犬

Brittany Spaniel

犬種號碼 95
中型犬
第7類

小型的獵鳥犬

取悅主人是牠的存在價值

Brittany Spaniel

雖然一般稱之為「不列塔尼獵犬」(Brittany Spaniel),但是FCI(世界畜犬聯盟)基於其擁有指示犬與蹲獵犬的特徵,而去除其中的「獵犬」(Spaniel)一詞,而以「不列塔尼」(Brittany)或原產國法國的犬種名「Épagneul Breton」註冊。

以獵鳥犬而言,不列塔尼獵犬的體型嬌小,個性活潑、活力充沛,對任何人都非常友善。當然,對家人的感情深厚,喜歡取悅主人。另外,不列塔尼獵犬的學習能力佳,容易訓練,但是訓練如果過度嚴格的話,反而可能會讓不列塔尼獵犬流露出膽小的一面。

性格溫和敦厚,愛好和平,雖然稱不上是看守犬,但是對於不明聲響會立刻反應,並以吠叫的方式通知飼主。

BREEDING · DATA

身　高…44～52cm
體　重…13.5～18kg
價　格…15～20萬日圓
原產國…法國

性格 活潑、感情豐富、友善

容易罹患的疾病
血友病、口蓋裂、髖關節發育不良

耐寒度　運動量　清潔保養
30分鐘×2次

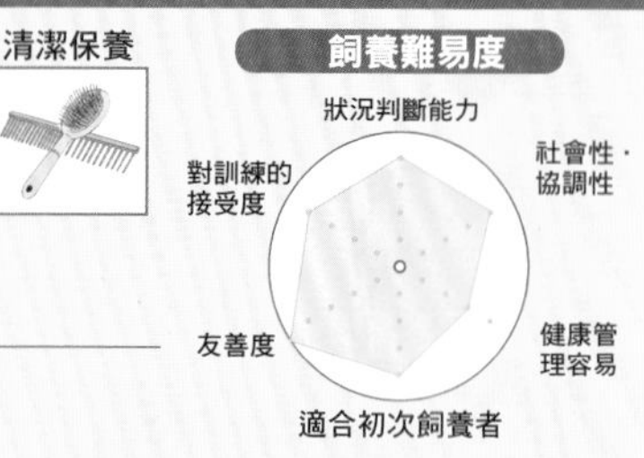

威爾斯激飛獵犬

Welsh Springer Spaniel

犬種號碼　126
中型犬
第8類

最重視主人說的話

Welsh Springer Spaniel

適合飼養於日本的居住環境

據說威爾斯激飛獵犬和英國激飛獵犬、可卡獵犬源於同一個祖先，而其直接的祖先則是西元１３００年時的犬種，直到１５７０年才正式成為獨立的犬種。

個性溫和敦厚、溫柔體貼，非常喜歡親近家人。和威爾斯激飛獵犬一起玩耍時，很容易讓牠陷入熱情、亢奮的狀態。好奇心旺盛，經常像是在尋找著什麼似的一臉雀躍地到處跑。威爾斯激飛獵犬個性不會過度興奮，即使沉迷於某種事物時，仍然能聽從主人的指示，因為牠最重視的就是主人的話了。威爾斯激飛獵犬體型嬌小，適合日本的居住環境，只要每天能有足夠的運動，也可以在都市裡生活。

在歐洲國家，威爾斯激飛獵犬的人氣依舊居高不下。日本近年來雖然沒有犬隻註冊，但是２００８年又再度重回人氣排行榜。

BREEDING · DATA

身　高…46～48cm
體　重…16～20kg
價　格…未定
原產國…英國（威爾斯）

性格 活潑、好奇心旺盛

容易罹患的疾病
眼睛疾病、關節疾病、皮膚疾病

耐寒度　運動量　清潔保養

30分鐘×2次

飼養難易度

狀況判斷能力
社會性・協調性
健康管理容易
適合初次飼養者
友善度
對訓練的接受度

西藏獒犬

Tibetan Mastiff

犬種號碼 230
大型犬
第2類

獒犬類的始祖

有一副不像獒犬的外表

Tibetan Mastiff

西藏獒犬是相當古老的犬種，是全世界的獒犬類的基礎犬。一般認為西藏獒犬屬於亞歷山大大帝的鬥犬——莫洛塞斯型的犬種，隨著蒙古西征自西藏來到歐洲，與世界上現存大部分的獒犬有密切的關係。

因原產國西藏避免和其他各國進行交流，西藏獒犬才得以保留其純正的血統。1800年代，西藏受到英國的侵略，西藏獒犬被贈予至當時的維多利亞女王手上，進而讓西藏獒犬擴展至全世界。

乍看之下，西藏獒犬和其他獒犬非常不同，總覺得模樣非常討喜，不太令人有恐懼感。同時，西藏獒犬對主人非常順從，平時很悠閒，幾乎一整天都在睡覺，但是當有人入侵自己的勢力範圍時，便會提高警覺，必要時甚至會轉為具有攻擊性。

BREEDING・DATA

身　高…61～71cm
體　重…64～82kg
價　格…未定
原產國…西藏

性格 感情豐富、溫和、警戒心強

容易罹患的疾病
眼瞼異常、髖關節發育不良、皮膚病

耐寒度　運動量（60分鐘×2次）　清潔保養

飼養難易度
狀況判斷能力／社會性・協調性／健康管理容易／適合初次飼養者／友善度／對訓練的接受度

波爾多犬

Dogue de Bordeaux

犬種號碼 116
大型犬
第2類

波爾多地區 除了葡萄酒以外的產物

讓敵人恐懼的犬種

Dogue de Bordeaux

原產於法國西南部波爾多的獒犬，個性沉著冷靜。19世紀時，從事著獵捕大型動物或看護家畜等工作。西元1863年首次參加法國狗展時，才正式命名為「Dogue de Bordeaux」，別名「法國獒犬」。

波爾多犬沉著冷靜、眼神安定，外表令人恐懼。面對敵人時，能夠展開有效的攻擊，而且是隻一旦展開攻勢，不到敵人倒下就絕不罷手的可怕的狗。

波爾多犬極具自信，和主人在一起時，不會因芝麻小事而動搖不定。但是當主人面臨危險時，則會立刻行動保護主人。

儘管如此，改良後的波爾多犬，其攻擊性已大不如前。不過，徨論初次飼養者，即使是一般的飼主，波爾多犬也不是個容易飼養的犬種。

BREEDING · DATA

身　高…58～69㎝
體　重…36～46kg
價　格…未定
原產國…法國

性格 警戒心強、沉穩冷靜、對飼主忠實

容易罹患的疾病
關節炎、髖關節發育不良、皮膚病

耐寒度　運動量　清潔保養

60分鐘×2次

飼養難易度

狀況判斷能力
社會性・協調性
健康管理容易
適合初次飼養者
友善度
對訓練的接受度

凱斯犬（荷蘭毛獅犬）

Keeshond

犬種號碼 97
中型犬
第5類

荷蘭的黨魁所飼養的狗

豐盈的被毛 不易清潔保養

Keeshond

由於身為荷蘭愛國黨黨魁——凱斯德吉斯勒的愛犬，因而得名。鬆獅犬和薩摩耶犬似乎都與凱斯犬有淵源。此外，凱斯犬本身也有博美狗的血統，別名為「德國絨毛狼犬」，不過還是以凱斯犬較為人知。

凱斯犬的性格非常活潑開朗，善於交際，會對周遭的人示好，喜歡和大家打成一片。此外，抗壓力強、玩心重，可以放心地讓牠和其他的狗或小朋友玩耍。

凱斯犬擁有豐盈的被毛，不畏嚴寒，冬天也可以到屋外玩。不過，換毛期會有大量的冬毛脫落，完全脫毛之前，必須每天為愛犬刷毛，清除脫落的毛髮。

BREEDING・DATA

身　高…43～46cm
體　重…15～25kg
價　格…未定
原產國…荷蘭

耐寒度　運動量　清潔保養

30分鐘×2次

性格 活潑、順從、善於交際、抗壓力強

容易罹患的疾病
皮膚疾病

飼養難易度

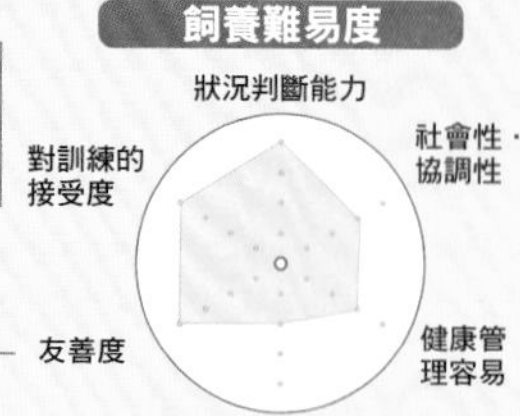

標準型雪納瑞犬

Standard Schnauzer

犬種號碼 182
中型犬
第2類

是代表小落腮鬍之意的雪納瑞犬種的基礎犬

五感功能卓越的犬種

Standard Schnauzer

標準型雪納瑞犬是迷你型雪納瑞犬和巨型雪納瑞犬的基礎犬，相傳早於西元1400年代即已誕生，卻直到1879年，才開始以德語的「小落腮鬍」之意的「schnauzer」之名廣為世人所知。

雪納瑞犬的智商高，嗅覺、聽覺和視覺等五感功能也非常靈敏，是能夠從事所有工作的犬種，而且容易進行各種訓練，更具備能夠活用所學內容的智力。為了能夠真正發揮雪納瑞犬與生俱來的能力，飼主務必進行正確的訓練。因此，飼主本身也不能鬆懈。雪納瑞犬對於陌生人會抱持著警戒心，因此也會是非常優秀的看守犬。

由於雪納瑞犬的運動量大，因此每天都需要長時間的散步。飼主最好能夠儘量安排長距離的散步，以免愛犬累積壓力。

BREEDING · DATA

身　高…44～50cm
體　重…23～25kg
價　格…未定
原產國…德國

性格 溫柔、處處為家人著想、自尊心強

容易罹患的疾病
眼睛疾病、關節疾病、皮膚疾病

耐寒度　運動量　清潔保養
30分鐘×2次

飼養難易度

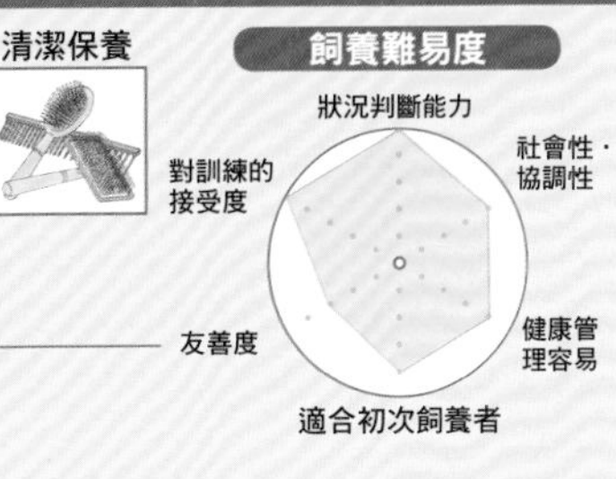

法老王獵犬

Pharaoh Hound

犬種號碼 248
大型犬
第5類

保存於金字塔的犬種

具神秘感、友善

Pharaoh Hound

法老王獵犬據說是紀元前4000～3000年左右即已存在的犬種，一般認為保存於金字塔內的胡狼神阿奴比斯的模樣即是法老王獵犬。紀元前1000年左右，由腓尼基人引進馬爾他島，因為馬爾他島與外隔絕的地理位置，一直以來都保有其純粹的血統，並於西元1974年指定為馬爾他共和國的國犬。

法老王獵犬的模樣極具神秘感，性格溫和敦厚、溫柔體貼又友善，在家人面前非常活潑開朗，眼睛總是閃爍著光芒，期待有人跟牠玩。而且忠誠度高、學習能力也不錯，只要飼主的一句讚美，便會積極地參與訓練。只要順利完成訓練，就能成為足以擔任艱難工作或作業的狗，值得信賴。

對於不明的聲響或可疑的人物極具警戒心，因此即使成為看守犬，也可以發揮其本身的能力。

BREEDING・DATA

身　高…53～64cm
體　重…20～25kg
價　格…未定
原產國…馬爾他島

性格 溫和敦厚、親和力十足、順從、忠實、警戒心強

容易罹患的疾病
皮膚病

耐寒度　運動量　清潔保養

60分鐘×2次

飼養難易度

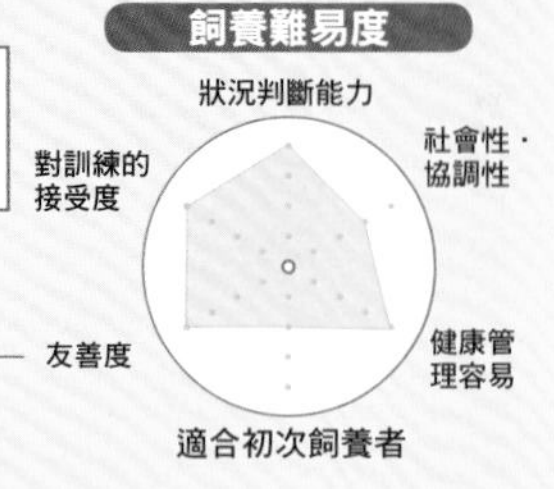

英國蹲獵犬

English Setter

犬種號碼 2
大型犬
第7類

分成
高地型和田園型兩種

極愛玩水

English Setter

國內一般單純稱之為「雪達犬」或「雪特犬」，屬於有名的犬種，但是一般人大多並不真的清楚牠屬於什麼犬種。在日本有許多飼主將英國蹲獵犬當成實用性高的獵犬飼養，數量遠高於官方所註冊的數據。蹲獵犬分成田園型和高地型，而高地型的特徵為生長於身體下方的長被毛，一般飼養的幾乎都是高地型。

做為獵犬飼養的田園型蹲獵犬，對飼主忠心耿耿，但卻不如高地型蹲獵犬般沉穩，個性較為活潑好動。至於高地型蹲獵犬的個性穩重、坦率，非常溫柔體貼。兩者都能和小朋友或其他的寵物融洽相處。另外，兩者都非常喜歡玩水，一到水邊，就會興奮地衝入水中玩。

BREEDING・DATA

身　高…61～64cm
體　重…25～30kg
價　格…15～25萬日圓
原產國…英國

性格 活潑、溫和、討人喜歡、坦率

容易罹患的疾病
聽力障礙、皮膚病

耐寒度

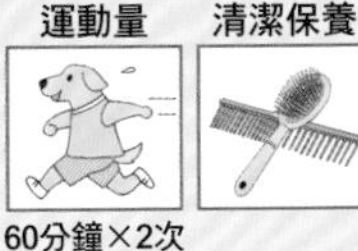

運動量

60分鐘×2次

清潔保養

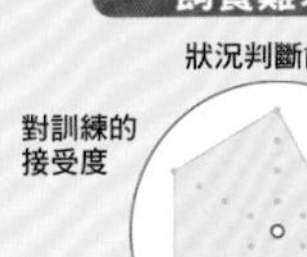

飼養難易度

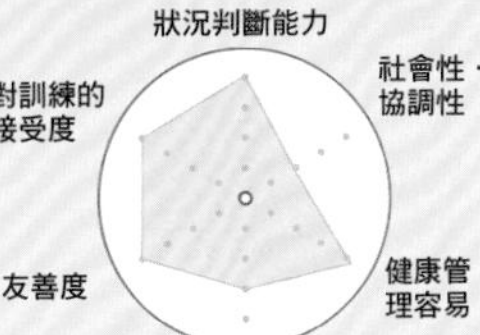

白色瑞士牧羊犬

White Swiss Shepherd Dog

犬種號碼　347
大型犬
第1類

雪白溫柔的牧羊犬

藉由不斷的訓練發揮其魅力

White Swiss Shepherd Dog

白色瑞士牧羊犬是雪白美麗的牧羊犬，當初繁殖德國牧羊犬時，其實沒有顏色的基準，只重視其工作能力而繁殖出來的。最早獲得美國認定為正式的犬種，直到1970年代逆向輸入歐洲，到了瑞士之後才培育出白色瑞士牧羊犬，進而擴展至整個歐洲地區。

白色瑞士牧羊犬體型比較瘦長一點。與德國牧羊犬相比，白色瑞士牧羊犬較無攻擊性，個性十分溫馴，對主人也非常忠實，基本上屬於基礎能力卓越的牧羊犬，因此只要透過紮實而確切的訓練，應該就能大大發揮其本身的魅力。在日本，白色牧羊犬的人氣指數今後應該也會不斷地攀升吧！

白色瑞士牧羊犬的被毛，一般分成短毛種和被毛略長的長毛種。

長毛種。

BREEDING・DATA

身　高…55～66cm
體　重…25～40kg
價　格…未定
原產國…瑞士

性格 對家人友善、感情極為深厚

容易罹患的疾病
關節疾病

耐寒度　運動量　清潔保養

60分鐘×2次

飼養難易度

狀況判斷能力
社會性・協調性
健康管理容易
適合初次飼養者
友善度
對訓練的接受度

邊境㹴

Border Terrier

犬種號碼 10
小型犬
第3類

於國境邊境驅逐鼠害

適合日本環境的犬種

蘇格蘭和英格蘭的國境附近是邊境㹴的故鄉。其歷史悠久，誕生於18世紀，主要是被用來獵狐和驅逐鼠患。邊境㹴的工作就是潛入狐狸的巢穴，勇猛果決地趕出獵物。

邊境㹴平時溫和敦厚、情感豐富，對陌生人也比較友善。外出散步時，會到處活蹦亂跳，一刻也不得閒。邊境㹴無論是性格或體型，在日本都非常適合做為家庭犬。為了能夠與愛犬共度愉快的生活，必須自幼犬時期開始培養其社會性，讓牠習慣都市的噪音。邊境㹴容易訓練，只要能在訓練的過程中加入遊戲的趣味，就可以加速學習效率。

此外，夜間對於不明的聲響或可疑的人影，會立刻有所反應。雖然不具攻擊性，但是能夠警告家人，所以也算是不錯的看守犬。

BREEDING・DATA

身　高…25～30.5cm
體　重…10～13.5kg
價　格…13～25萬日圓
原產國…英國

耐寒度

運動量

30分鐘×2次

清潔保養

性格 溫和敦厚、友善、擁有卓越的狀況判斷能力

容易罹患的疾病
發作性意識障礙、椎間板疾病、尿道系統疾病

飼養難易度
狀況判斷能力
社會性・協調性
健康管理容易
適合初次飼養者
友善度
對訓練的接受度

獒犬

Mastiff

犬種號碼 264
大型犬
第2類

冷靜沉著的鬥犬

最強等級的保全犬

獒犬確切的記錄出現在紀元前1121年，並在大約2000年前被引進英國，經過不斷的改良而發展至今。

平時會安靜地觀察周遭的狀況，隨時保持冷靜沉著；縱使體型壯碩，但是卻沉穩得經常讓人忘了這一點。誓死效忠主人，擁有足以靜靜等待數小時，直到主人發出命令為止的驚人耐力。普通家庭飼養的獒犬，對於保護家人具有強烈的使命感，面對可疑人物或異常聲響時，能反應敏銳地提高警覺。無論是能力或外表上，都堪稱是最強等級的保全犬。入侵者光看到獒犬的長相，應該就會嚇跑了吧！

獒犬不太會對主人的朋友示好，但是對於在同一個屋簷下生活的貓等寵物，卻會非常溫柔。

BREEDING · DATA

身　高…70～76cm
體　重…79～86kg
價　格…20～30萬日圓
原產國…英國

耐寒度　運動量　清潔保養
60分鐘×2次

性格 安靜、耐力強、對飼主忠心不貳

容易罹患的疾病
眼睛疾病、腹脹

飼養難易度

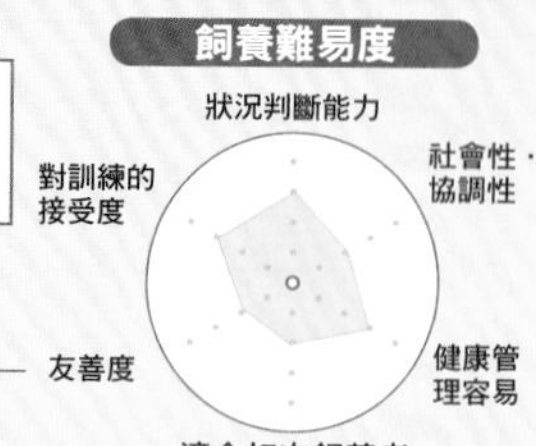

土佐鬥犬

Tosa-Touken

犬種號碼　260
大型犬
第2類

被稱為為日本獒犬的日本最強的鬥犬

Tosa-Touken

在日本以外也擁有高人氣的日本犬

土佐鬥犬是日本最強的鬥犬，同時也是廣受全世界喜愛的犬種，各國稱之為土佐鬥犬或日本獒犬。土佐鬥犬是在西元1800年代，由原本稱為土佐犬（現今的四國犬）的祖先，再加上獒犬、大丹狗、鬥牛犬和牛頭㹴等犬種配種而成的。其後為了避免名字混淆，遂以土佐鬥犬之名和四國犬分別為不同的犬種。

幼犬。

目前也會在常設的鬥犬場舉辦鬥犬秀，但是絕對不是互相殘殺，而是設立多項規則決定勝負。

土佐鬥犬平時非常沉著冷靜，然而一旦過度興奮的話，就會開始猛力地攻擊對方。如此一來，即使是經驗豐富的飼主也束手無策，因此從幼犬時期開始，滿懷著愛與愛犬之間的溝通是很重要的。土佐鬥犬並不適合初次飼養者。

BREEDING · DATA

身　高…55cm以上
體　重…80～90kg
價　格…15～30萬日圓
原產國…日本（高知縣）

性格 對飼主順從、溫柔體貼

容易罹患的疾病
咬癖、關節疾病、皮膚病

耐寒度　運動量　清潔保養

60分鐘×2次

飼養難易度

狀況判斷能力
社會性・協調性
健康管理容易
適合初次飼養者
友善度
對訓練的接受度

澳洲卡爾比犬

Australian Kelpie

犬種號碼 293
中型犬
第1類

來自澳洲的優秀的高人氣牧羊犬

擁有卓越能力的和平主義者

Australian Kelpie

關於澳洲卡爾比犬的來源眾說紛紜，其中最有力的說法是西元1870年代由蘇格蘭移民以短毛柯利牧羊犬為基礎所培育出來的。直到1890年代，才正式確立為澳洲卡爾比犬，目前仍是澳洲非常受歡迎的犬種。

澳洲卡爾比犬平時很少吠叫，愛好和平。但是工作時，除有強烈的責任感之外，還能夠憑其瞬間的狀況判斷能力，準確地追趕羊群，擁有優異的誘導能力。

在家裡時，由於是自己的勢力範圍，平時會非常放鬆、安靜地生活，但是若有人從外面進來的話，澳洲卡爾比犬也會提高警覺，當危險越靠近時也叫得越激烈，藉以威嚇對方。

外表看起來屬於正統的犬種，而其能力不僅可以勝任家庭犬的角色，也很適合做為寵物犬。

BREEDING・DATA

身　高…43～51cm
體　重…11.5～14kg
價　格…11～20萬日圓
原產國…澳洲

耐寒度　運動量　清潔保養

30分鐘×2次

飼養難易度

狀況判斷能力
社會性・協調性
健康管理容易
適合初次飼養者
友善度
對訓練的接受度

性格 警戒心強烈到有點膽小的地步、神經質、對飼主忠實

容易罹患的疾病
過敏、關節疾病

牛頭㹴

Bull Terrier

犬種號碼 11
中型犬
第3類

從鬥犬搖身一變 成為展示犬

猛烈的衝力

Bull Terrier

當初為了鬥牛，為了培育出能夠迅速攻擊目標的強力犬種，經過不斷的改良，終於在西元1850年確立了牛頭㹴的基礎。但是在反覆地改良之後，遂失去了其攻擊性；再加上法律也開始禁止鬥犬，因此驅逐鼠害遂成了牛頭㹴的主要工作。之後，直到西元1900年，牛頭㹴的舞台慢慢地轉移到狗展上。同時經過一番改良之後，才完成目前的模樣。

牛頭㹴的個性活潑開朗、非常好動，而且會以猛烈的衝撞力朝家人或其他的朋友飛撲撒嬌，這時務必站穩雙腳，以免向後跌倒。

牛頭㹴不會反抗家人，但是如果陌生人對牠做了不舒服的事情，有時候也可能會突然攻擊對方。其下顎的力量非常大，務必小心注意。

BREEDING · DATA

身　高…50cm
體　重…20kg
價　格…18～25萬日圓
原產國…英國

性格 活潑、討喜、愛撒嬌、佔有欲強

容易罹患的疾病
過敏、皮膚疾病

耐寒度　運動量　清潔保養

60分鐘×2次

飼養難易度

狀況判斷能力
社會性・協調性
健康管理容易
適合初次飼養者
友善度
對訓練的接受度

紀州犬

Kishu

犬種號碼 318
中型犬
第5類

紀伊半島出身的獵獸犬

有色的紀州犬極為罕見

包含和歌山縣、三重縣和奈良縣在內的紀伊半島，在以往交通不發達的時代，即使是最鄰近的縣市也會受到群山和海岸層層阻隔；在這塊土地上，自古便存在著一種中型的日本在地犬——紀州犬。西元1966年5月，紀州犬被日本國家指定為天然紀念物，其主要的工作是獵捕野豬、鹿和熊。

紀州犬的個性勇猛果決，不會諂媚，只對自己認定的主人誓死忠誠。有別於以往的獵犬型紀州犬，現今的紀州犬也有寵物型犬種，頭型較小，性格爽朗、溫和敦厚、乖巧，普通家庭也很容易飼養。

紀州犬大多是白色的品種，另外也有赤色和芝麻色，但是仍以白色為大宗。據說有色犬種僅佔整體的5%，平常不容易看見。

BREEDING · DATA

身　高…46～52cm
體　重…20～30kg
價　格…10～20萬日圓
原產國…日本（和歌山縣、三重縣等地山區）

性格　溫和敦厚、順從、冷靜沉穩、勇猛果決

容易罹患的疾病
心因性疾病

耐寒度　運動量　清潔保養

30分鐘×2次

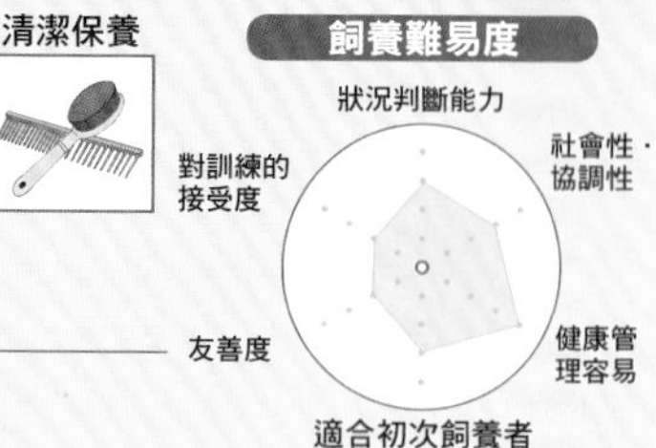

查理斯王獵犬

King Charles Spaniel

犬種號碼	128
小型犬	
第9類	

深受國王喜愛的玩賞犬

King Charles Spaniel

需要花時間讓牠敞開心房

查理斯王獵犬和查理斯王騎士犬是近親，又稱為「英國玩具小獵犬」；因深受英國國王查理斯二世的青睞，而命名為「查理斯王獵犬」。

性格方面和查理斯王騎士犬相似，不過查理斯王獵犬的個性比較冷漠，然而這只是因為害羞，倒未必是出自攻擊或反抗的意圖。初次見面後一段時間，只要能夠讓狗狗敞開心房，查理斯王獵犬一定會非常友善的。再者，查理斯王獵犬本身非常喜歡親近家人，只要能夠和家中的成員靜靜地在一起，就會感到無與倫比的幸福。

體型小、運動量也少，因此公寓這類的居住環境也能夠飼養。由於查理斯王獵犬的鼻頭扁塌，因此高溫的日子必須小心中暑的問題。

BREEDING・DATA

身　高…26～31cm

體　重…3.6～6.3kg

價　格…15～25萬日圓

原產國…英國

性格 活潑、溫和敦厚、聰敏、喜歡親近主人

容易罹患的疾病

過敏、皮膚病

耐寒度

運動量

20分鐘×2次

清潔保養

飼養難易度

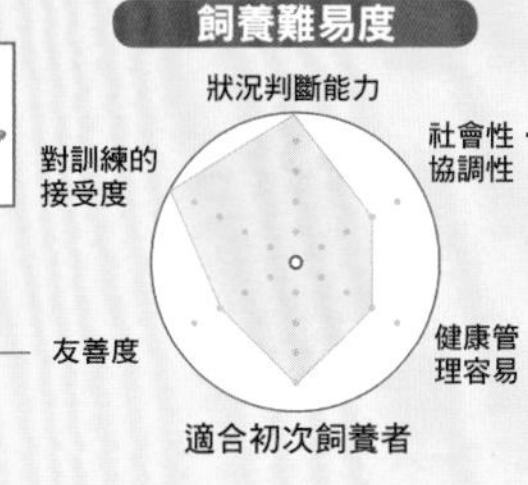

庇里牛斯牧羊犬

Berger Des Pyrenees

犬種號碼 141
中型犬
第1類

在法國擁有高人氣
更是科羅馬儂人所飼養的狗

Berger Des Pyrenees

體型小 卻需要龐大的運動量

在歐洲別名為「Berger Des Pyrenees」。庇里牛斯牧羊犬有長毛種和無鬚種兩種類型，雖然屬於同一犬種，但FCI（世界畜犬聯盟）卻將兩者分列為不同的犬種號碼。相對於臉部無被毛的無鬚種牧羊犬，長毛種牧羊犬的臉上則有長被毛覆蓋。

長毛種。

此外，性格也不一樣，長毛種牧羊犬比無鬚種牧羊犬稍微神經質一點。據說法國拉斯科洞穴壁畫上，科羅馬儂人身邊的狗就是庇里牛斯牧羊犬；新石器時代的地層中，更有被視為可能是庇里牛斯牧羊犬的遺骨出土。

庇里牛斯牧羊犬的個性活潑，對家人的感情深厚。略微神經質，對陌生人只要看不順眼便會大聲狂吠。

體型小巧，卻需要龐大的運動量。而在長被毛的清潔保養方面，務必每天刷毛以梳整被毛並清除脫毛。

無鬚種。

BREEDING・DATA

身　高…38～48cm
體　重…12kg
價　格…未定
原產國…法國

性格 活潑、略微神經質

容易罹患的疾病
皮膚病

耐寒度　運動量　清潔保養

30分鐘×2次

飼養難易度

狀況判斷能力
社會性・協調性
健康管理容易
適合初次飼養者
友善度
對訓練的接受度

愛爾蘭㹴

Irish Terrier

犬種號碼 139
中型犬
第3類

愛爾蘭的高人氣㹴犬

Irish Terrier

智商高 不容易應付

愛爾蘭㹴在原產國愛爾蘭屬於高人氣的犬種，並於西元1880年代的巔峰期傳入英、美各國。如今人氣指數已大不如前，數量略微稀少。愛爾蘭㹴屬於歷史悠久的㹴犬，西元1700年代的繪畫上就曾出現過愛爾蘭㹴的身影。20世紀之前，還有黑&黃褐色的品種。

以㹴犬而言，愛爾蘭㹴的體型碩大，同樣地也非常好勝、獨立。另外，也有相當固執的一面，智商高，訓練起來卻不易應付。對家人流露出深厚的情感，個性溫柔體貼。不過，陌生人如果做了不舒服的事情，可能就會引發牠的攻擊性。為了避免發生嚴重的意外，飼主務必事先做好訓練，讓愛犬聽從飼主的指示。

BREEDING · DATA

身　高…46㎝左右

體　重…11.5～12.5kg

價　格…20～25萬日圓

原產國…愛爾蘭

性格 好勝、極為獨立、對飼主忠實、感情豐富

容易罹患的疾病

腎臟疾病、泌尿器官疾病、皮膚病

耐寒度　運動量　清潔保養

30分鐘×2次

飼養難易度

狀況判斷能力
社會性・協調性
健康管理容易
適合初次飼養者
友善度
對訓練的接受度

四國犬

Shikoku

犬種號碼 319
中型犬
第5類

活躍於四國山區的又鬼犬

悍衛自己的勢力範圍

Shikoku

四國犬於西元1937年，被日本指定為國家天然記念物。獲得指定的當時，一般仍稱為「土佐犬」，但由於另有以鬥犬為目的、由四國犬為基礎而改良的「土佐鬥犬」，為了避免兩者名稱的混淆，於是更名為「四國犬」。一直以來，四國犬都是做為獵熊用的又鬼犬，活躍於以高知縣為中心的山麓地帶。

具有典型日本獵犬的氣質，不習慣主人以外的任何人。目前做為家庭犬飼養的四國犬，雖然多少已變得比較溫和，但是仍然保有其基本的脾氣。主人不在家時，會固守整個家來悍衛這個自己的地盤，耐力十足。由於警戒心強，一旦有陌生人、可疑人物或不明聲響時，便會激烈地狂吠，有時候甚至會展開攻擊。因此外出散步時，務必小心注意愛犬和其他狗的接觸。

BREEDING · DATA

身　高…46～52cm
體　重…20～30kg
價　格…10～20萬日圓
原產國…日本（高知縣山區）

性格 耐力強、對飼主忠實、警戒心強

容易罹患的疾病
過敏性疾病

耐寒度
運動量
30分鐘×2次
清潔保養

飼養難易度
狀況判斷能力
社會性・協調性
健康管理容易
適合初次飼養者
友善度
對訓練的接受度

捲毛拾獵犬

Curly-Coated Retriever

犬種號碼 110
大型犬
第8類

行禮如儀的拾獵犬

極愛玩水

Curly-Coated Retriever

捲毛拾獵犬是全身覆蓋捲毛的犬種，屬於歷史悠久的獵犬。18世紀左右，曾在英國以工作犬從事水上作業，似乎繼承了許多水犬的血統。

捲毛拾獵犬具有典型的獵犬氣質，性格非常溫和敦厚，喜歡有家人陪伴。學習能力佳，因此訓練容易，除了幼犬時期以外，照顧捲毛拾獵犬應該不會太費事。

因承襲水犬的血統，一看到水就會迫不及待地想要跳入其中，一下子在水中銜回物品、一下子在水中游來游去，玩水永遠百玩不厭。

只要讓捲毛拾獵犬確實地接受訓練，即使在室內也能夠行禮如儀，是很優秀的犬種。另外，對陌生人充滿警戒心，但是卻不具攻擊性。

BREEDING · DATA

身　高…64～69cm

體　重…32～36kg

價　格…未定

原產國…德國

性格 順從、溫和敦厚、活潑、親和力十足、沉穩

容易罹患的疾病

過敏、關節疾病、皮膚病

耐寒度　運動量　清潔保養

60分鐘×2次

飼養難易度

狀況判斷能力

社會性·協調性

健康管理容易

適合初次飼養者

友善度

對訓練的接受度

靈猩

Greyhound

犬種號碼 158
大型犬
第10類

忠誠度最高、世界上跑得最快的狗

飼主也需要充沛的體力

Greyhound

靈猩奔跑的速度，最快可高達時速100km，是世界上跑得最快的犬種。靈猩的歷史非常悠久，據說7000年前就已存在，古埃及遺跡中也看得到靈猩獵捕動物的身影。目前靈猩依然發揮其飛毛腿的本領，而活躍於賽狗等賽跑競賽中。

對主人非常忠誠，總是跟隨在主人的身旁。透過訓練，靈猩可以完成各種不同的工作。很少吠叫，但是也有好勝的一面，一旦沒有充足的訓練，可能會有反抗性。對陌生人態度冷淡，不會輕易敞開心房。

在普通家庭飼養的話，飼主的體力是否能夠負荷，也是一個很大的問題。靈猩需要龐大的運動量，必須每天進行長時間、長距離的散步。因此飼主或許也必須進行提升體力方面的訓練。

BREEDING · DATA

身　高…68～76cm
體　重…27～32kg
價　格…18～25萬日圓
原產國…英國

性格 好勝、大膽、對飼主忠實

容易罹患的疾病
眼睛疾病、血友病、骨折

耐寒度　運動量　清潔保養

60分鐘×2次

飼養難易度

中亞牧羊犬

Central Asian Sheepdog

犬種號碼 335
大型犬
第2類

充滿警戒心的護羊犬

在歐洲大受歡迎 在日本卻才首度註冊的犬種

中亞牧羊犬自紀元前即已存在，目前仍保留著當時的模樣，據說是古代土庫曼斯坦所產的狗。當時已是非常活躍的護羊犬，保護羊群等家畜免於受到狼群的侵害。

中亞牧羊犬充滿警戒心，即使待在主人的身邊，也會目不轉睛地觀察逐漸靠近的人，如果發現對方行為有異，便會立刻擺出戰鬥的態勢。另一方面，對於家人非常順從，不過，請務必避免無法駕馭中亞牧羊犬的小朋友或其他的狗接近。

縱觀全世界，中亞牧羊犬屬於數量稀少的犬種，不過近年來，在歐洲國家的人氣很高，參加狗展的數量也逐年增加。這股旋風也吹到了日本，2008年首度成為日本國內註冊的犬種。而中亞牧羊犬並不適合初次飼養者。

BREEDING · DATA

身　高…60～78cm
體　重…40～79kg
價　格…未定
原產國…中亞

性格 具攻擊性、獨立心旺盛

容易罹患的疾病
胃扭轉、髖關節發育不良、皮膚病

耐寒度

運動量
60分鐘×2次

清潔保養

飼養難易度

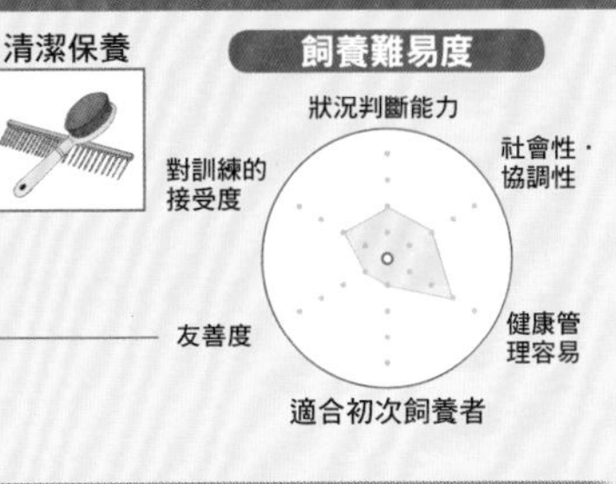

德國短毛指示獵犬

German Shorthaired Pointer

犬種號碼 119
大型犬
第7類

集所有優點於一身的萬能獵鳥犬

無論做為實用犬或家庭犬都值得信任

German Shorthaired Pointer

以前德國獵人們所需要的獵犬，必須不屈不撓地尋找獵物、嗅覺靈敏、能夠長距離追蹤並拾回獵物。於是在19世紀時，便網羅了英國指示犬和尋血獵犬等優秀獵犬的優點進行改良。結果，經過改良的德國短毛指示獵犬，無論是人氣指數或信賴度，在德國皆雙雙位居第一。

正因為是集所有優點於一身的犬種，德國短毛指示獵犬對家人非常順從、忠實，加上接受訓練的領悟力佳，飼主無需多費工夫。在住家這塊勢力範圍內，充滿了保護家人生命財產安全的強烈責任感，因此往往能夠成為值得信任的看守犬。不過只有一點要注意，由於德國短毛指示獵犬精力充沛，能夠長距離奔跑，因此飼主必須要有心理準備應付其每天的運動量。

BREEDING · DATA

身　高…53～64cm
體　重…20～32kg
價　格…未定
原產國…德國

性格 順從、活潑、溫柔、沉穩

容易罹患的疾病
髖關節發育不良、腫瘤、心臟疾病

耐寒度　運動量　清潔保養

60分鐘×2次

飼養難易度

狀況判斷能力
社會性・協調性
健康管理容易
適合初次飼養者
友善度
對訓練的接受度

愛爾蘭軟毛㹴

Irish Soft-Coated Wheaten Terrier

犬種號碼 40
中型犬
第3類

自古以來
就存在於愛爾蘭的㹴犬

沉穩又溫柔的㹴犬

Irish Soft-Coated Wheaten Terrier

愛爾蘭軟毛㹴據說是愛爾蘭境內最古老的犬種，不過直到19世紀才廣為世人所知。其主要從事的工作是驅逐農家的鼠患以及看守家畜。

身為㹴犬，愛爾蘭軟毛㹴氣質穩重，個性活潑、溫柔，也幾乎沒有神經質的一面，不只是家人，連主人的朋友、訪客或其他的狗，都能夠溫柔地對待。不過由於探究心和好奇心旺盛，因此只有當在屋外或哪裡發現了某個有趣的事物時，才會不聽從飼主的指示而狂奔亂跑。

個性穩重，活力十足，因此每天的運動是不可或缺的。雖然愛爾蘭軟毛㹴不需要長時間運動，但是建議儘量安排數個不同的散步路線，每天做一些變化，如此一來愛犬一定會很高興的。

BREEDING · DATA

身　高…46～48cm
體　重…16～20kg
價　格…未定
原產國…愛爾蘭

性格 活潑、順從

容易罹患的疾病
眼部疾病、關節疾病

耐寒度　運動量　清潔保養

60分鐘×2次

飼養難易度

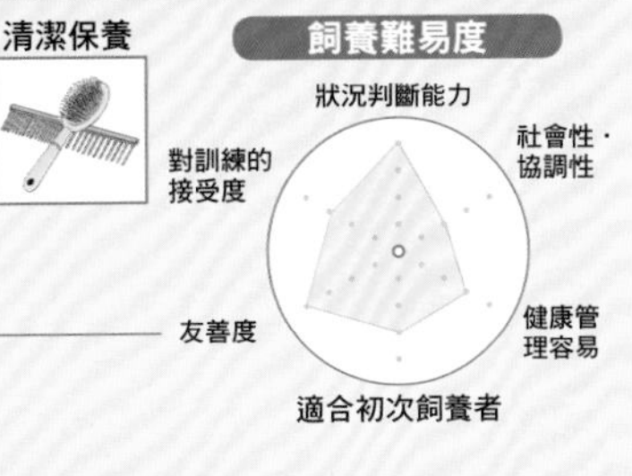

英國指示獵犬

English Pointer

犬種號碼 117
大型犬
第7類

藉由指示動作 指出獵物的位置

最喜歡有人陪牠玩

English Pointer

英國指示獵犬發現獵物時會壓低身子，以抬高單隻前腳的「指示」姿勢通知主人獵物的位置，是優秀的獵鳥犬；不論在狩獵或日常生活方面，都很清楚自己該完成的工作，屬於聰敏的犬種。歷史悠久，西元1650年代左右就已出現了提及指示犬的文獻記錄，似乎當時就已經出現「指示」的姿勢了。

普通家庭飼養的英國指示獵犬，抗壓力強、個性活潑。如果能夠從幼犬時期開始培養其社會性，並經過良好的訓練，長大之後會比較善於交際，並且可以安心地將孩子讓牠照顧。英國指示獵犬非常愛玩，即使是主人以外的人，只要有人願意和牠玩，牠就會立刻和他親近，而且不會忘記陪牠玩的這個人。

由於精力充沛，飼主務必要有每天進行長時間、長距離散步的心理準備。

BREEDING · DATA

身　高…58～71cm
體　重…25～34kg
價　格…未定
原產國…英國

性格 活潑、順從、愛玩

容易罹患的疾病
外耳炎、眼瞼內翻、白內障、皮膚病

耐寒度　運動量　清潔保養

運動量：60分鐘×2次

飼養難易度
狀況判斷能力
社會性·協調性
健康管理容易
適合初次飼養者
友善度
對訓練的接受度

人氣排行 第134名

伯瑞犬

Briard

犬種號碼 113
大型犬
第1類

自8世紀以來 一直守護家庭的犬種

分成垂耳和立耳

Briard

屬於歷史悠久的犬種，早在8世紀的法國，就已開始負起保護家人、家畜等生命財產安全免受狼群入侵的重任。後來雖然安然度過法國大革命的蹂躪，但大革命結束後人口增加，寬廣的牧場被迫細分成數座牧場，因此便以牧羊為主要工作。第一次和第二次世界大戰時也曾參與戰爭，擔任搬運醫療補給的紅十字犬和搬運彈藥的軍用犬。

垂耳型伯瑞犬。

個性大膽，對家人和當成家中一份子的其他寵物，都會付出深厚的情感。但對陌生人卻抱持著強烈的警戒心，不輕易與對方交心。

外形有兩種，分別是耳朵完全垂下的垂耳型和立耳型。雖然部分國家尚未正式公認，但在歐洲以垂耳型伯瑞犬較受歡迎，而美國則以立耳型伯瑞犬的人氣較高。

立耳型伯瑞犬

BREEDING・DATA

身　高…57～69cm
體　重…34kg
價　格…未定
原產國…法國

性格 感情豐富、溫柔

容易罹患的疾病
眼部疾病、髖關節發育不良、皮膚疾病

耐寒度　運動量　清潔保養

60分鐘×2次

飼養難易度

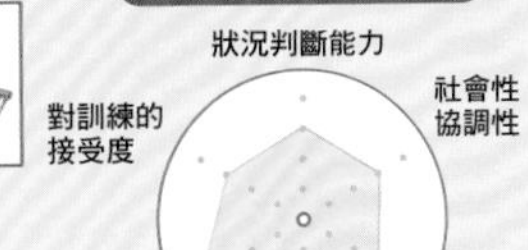

阿根廷獒犬

Argentinian Mastiff

犬種號碼 292
大型犬
第2類

扭曲了原本的培育目的而被當作鬥犬的狗

Argentinian Mastiff

絕對不適合初次飼養者

別名為「阿根廷鬥犬」的阿根廷獒犬，1928年培育的目的是做為家庭裡忠實的獵犬或看守犬。但由於狩獵的對象都是野豬或美洲獅等強而有力的勁敵，因此被飼養成個性勇猛果決、身強體壯的犬種，在美國南方甚至被當成鬥犬。阿根廷獒犬的自尊心強，對於所有反抗自己的對象絕不寬待，此種個性造成一般大眾根深柢固的印象，認為阿根廷獒犬是具有無法控制之攻擊性的犬種。由於一般人飼養阿根廷獒犬的危險性太高的緣故，英國政府甚至制定「Dangerous Dogs Act 1991」（危險犬種法案1991），規定禁止飼養、販賣和進口阿根廷獒犬。

雖然其性格遭到扭曲，但是誠信可靠的店家仍可找到保留著原本氣質的阿根廷獒犬。儘管如此，牠仍是初次飼養者絕對無力招架的犬種。

BREEDING · DATA

身　高…61～69cm
體　重…36～45kg
價　格…未定
原產國…阿根廷

性格 自尊心強、勇猛果決、具攻擊性

容易罹患的疾病
髖關節發育不良、皮膚疾病

耐寒度
運動量
60分鐘×2次
清潔保養

飼養難易度

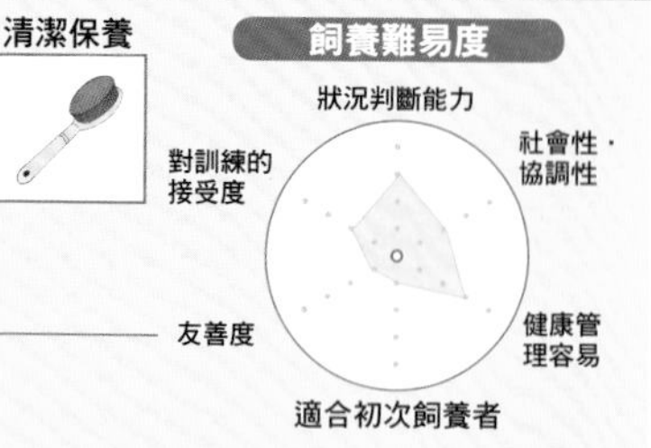

帕森羅素㹴

Parson Russell Terrier

犬種號碼 339
小型犬
第3類

具有典型的㹴犬氣質

Parson Russell Terrier

在訓練中加入遊戲

帕森羅素㹴原本被視為和目前的傑克羅素㹴屬於同一犬種，但是全世界一般都認定短足型的是傑克羅素㹴，而過去被視為原型的長足帕森羅素㹴，後來就被獨立出來成為另一犬種。

帕森羅素㹴仍然保有㹴犬的典型特質，非常活潑、開朗，同時也非常喜歡惡作劇，而且從來不會為了芝麻小事而傷心難過，即使挨罵了，也會很快就忘記。但是帕森羅素㹴的智商高，訓練的同時加入一點小遊戲，反而會學得更好，可說是相當值得訓練的犬種。

帕森羅素㹴的被毛有兩種類型，分別是軟毛種和粗毛種。軟毛帕森羅素㹴的清潔保養很簡單，不過終年都會出現脫毛現象，由於毛髮會沾到衣物上，因此飼主必須勤快打掃室內和清理衣物。

軟毛帕森羅素㹴。

BREEDING · DATA

身　高…28～38cm
體　重…5～8kg
價　格…未定
原產國…英國

性格 活潑、順從、滑稽逗趣、好奇心旺盛

容易罹患的疾病
關節疾病、皮膚病

耐寒度　運動量　清潔保養
30分鐘×2次

飼養難易度
狀況判斷能力
社會性・協調性
健康管理容易
適合初次飼養者
友善度
對訓練的接受度

北海道犬

Hokkaido Dog

犬種號碼　261
中型犬
第5類

自開拓時期開始 在寒冬中過活的日本犬

充滿野性的能力

Hokkaido Dog

以往北海道犬跟隨愛奴人自日本東北地方傳入北海道，由於海洋的阻隔才得以保留純粹的血統。北海道犬別名為「愛奴犬」，自開拓時期至今，都是擔任獵捕北海道棕熊和蝦夷鹿的獵獸犬。西元1937年被日本指定為天然記念物。

目前身為工作犬的北海道犬，仍然具有挑戰巨大棕熊的勇氣、對認定的主人一生誓死效忠的忠誠度，以及忠實完成命令的行動力。另外，一般家庭飼養的北海道犬也絕對不只是伴侶犬，而具有北海道犬與生俱來的野性能力。

運動神經發達，需要每天長時間的運動。雖說是日本犬，卻不是初次飼養者可以輕鬆應付的犬種。

雖然適合日本的氣候和風土民情，但近年來因地球暖化的緣故，而越來越無法適應日本本州以南的夏季氣候了；我們應該為地球上的動物，努力重整自然環境。

BREEDING・DATA

身　高…46～56cm
體　重…20～30kg
價　格…10～20萬日圓
原產國…日本（北海道）

性格 忠實、忍耐力強、勇猛果決

容易罹患的疾病
皮膚病

飼養難易度
狀況判斷能力
社會性・協調性
健康管理容易
適合初次飼養者
友善度
對訓練的接受度

德國賓莎犬

German Pinscher

犬種號碼 184
中型犬
第2類

曾經瀕臨絕種的賓莎犬

即使拖著飼主跑也要追逐其他動物

German Pinscher

德國賓莎犬是迷你型賓莎犬和雪納瑞犬的基礎犬，但第二次世界大戰之後幾乎消聲匿跡。直到1958年之後，走私四隻較大的迷你型賓莎犬和當時東德的一頭德國賓莎犬，才開始進行配種繁殖。因此，目前的德國賓莎犬實際上都是承襲著那五隻賓莎犬的血統。

德國賓莎犬的個性活潑開朗、感情豐富，雖然不會對陌生人示好，但是對於主人卻十分順從。短毛德國賓莎犬很少有脫毛的現象，清潔保養也比較簡單。

德國賓莎犬的好奇心旺盛，一旦在屋外發現貓或老鼠等動物時，即使必須拖著主人奔跑也要繼續追逐。因此如果讓小朋友獨自帶德國賓莎犬散步，容易有發生意外的危險。

至於健康方面沒有太大的問題，不過容易罹患眼部疾病，以及包含腰部在內的關節疾病。

BREEDING · DATA

身　高…45～50cm
體　重…11～16kg
價　格…未定
原產國…德國
性格　愛玩、順從
容易罹患的疾病
眼部疾病、關節疾病、皮膚病

耐寒度　運動量　清潔保養
30分鐘×2次

飼養難易度
狀況判斷能力
社會性・協調性
健康管理容易
適合初次飼養者
友善度
對訓練的接受度

克羅埃西亞牧羊犬

Croatian Sheepdog

犬種號碼 277
中型犬
第1類

日本首度註冊的牧羊犬

萬能的家庭犬

Croatian Sheepdog

克羅埃西亞牧羊犬自14世紀起即為人所知，而自西元1935年才開始進行計劃性的繁殖，但是外表與當時似乎並沒有太大的變化。就連原產國克羅埃西亞境內的數量都非常稀少，在其他國家更是屬於罕見珍貴的犬種。而日本則在去年度首度註冊為正式犬種。

克羅埃西亞牧羊犬為中型犬，個性溫馴。擔任牧羊犬的工作上，勇氣十足，擁有卓越的抗壓力，對飼主忠實。不過對陌生人抱持著警戒心，雖然沒有攻擊性，但是態度冷淡。

學習能力佳，對於基本訓練的領悟力高，甚至連應用的高難度內容，只要訓練得當也能很快地吸收。無論氣質或體格，都是合格的日本家庭犬。再者，克羅埃西亞牧羊犬的運動神經發達，對於擲飛盤等運動犬的能力也很值得期待。

BREEDING · DATA

身　高…40～51cm
體　重…13～16kg
價　格…未定
原產國…克羅埃西亞

性格 順從、謹慎、警戒心強

容易罹患的疾病
關節疾病

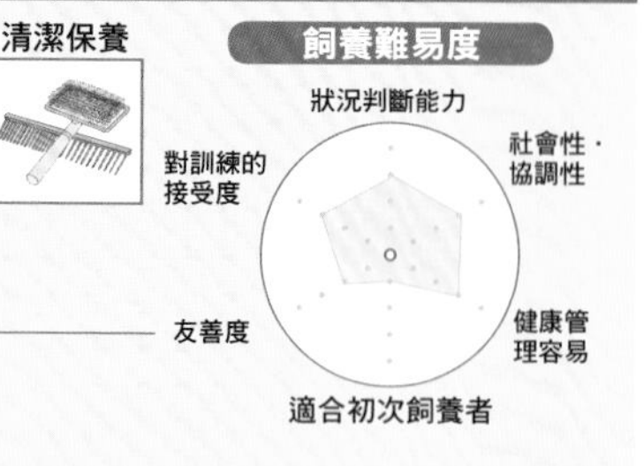

西班牙獒犬

Spanish Mastiff

犬種號碼 91
大型犬
第2類

西班牙的國家級獒犬

出生半年 體重即達45kg

Spanish Mastiff

約紀元前2000年傳入西班牙的古羅馬戰鬥犬，是西班牙獒犬的祖先。西元1400年代起，便從事保護家畜免受狼群攻擊的工作。目前是西班牙非常受歡迎的犬種，被指定為西班牙的國犬。

超大型的西班牙獒犬，個性溫和敦厚、冷靜，順從飼主。自古以來就負責守護農場的財產，因此一般家庭飼養的話，也稱得上是完美的看守犬，能夠勝任保護家人生命財產安全的職責。

飼養方面，飼主一天當中必須有大部分的時間和西班牙獒犬一起度過。雖然個性不算活潑，但是每天仍舊需要長時間、長距離的散步，尤其出生後半年，體重即高達45kg，因此為了擁有健康的身體，自幼犬時期開始，飼主就必須考量其飲食和運動的均衡。

BREEDING · DATA

身　高…72～82cm

體　重…55～70kg

價　格…未定

原產國…西班牙

性格 溫和敦厚、順從、勇猛果決

容易罹患的疾病

關節疾病

耐寒度

運動量

60分鐘×2次

清潔保養

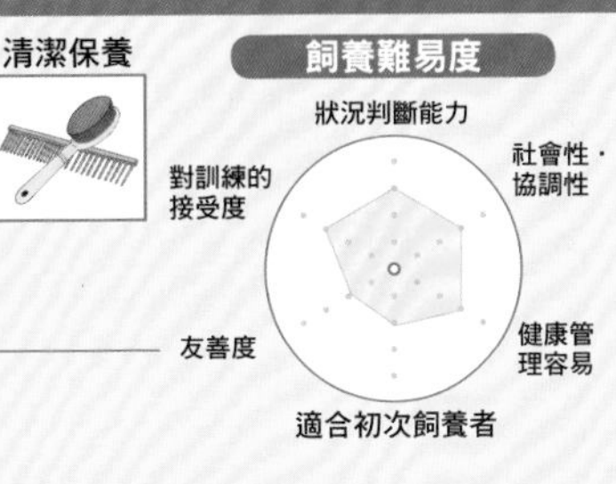

蘇格蘭獵鹿犬

Scottish Deerhound

犬種號碼　307
大型犬
第10類

隨著槍枝的發達 犬隻的數量驟減

像貼身保鑣緊跟在主人的身邊

Scffish Deerhond

西元1500年代，蘇格蘭獵鹿犬是僅有蘇格蘭的王室和貴族才能擁有的犬種，其主要用途為捕獵鹿和兔子。後來隨著槍枝的發達，野鹿數量減少，蘇格蘭獵鹿犬的任務也隨之結束，和野鹿一起消聲匿跡。西元1825年起，愛犬人士開始進行配種繁殖，於是目前才得以存活於世。

幼犬時期的蘇格蘭獵鹿犬和其他的犬種一樣，天真無邪，散步時會到處活蹦亂跳，但是長大之後，大多會乖乖地待在室內，或者躺著睡覺，這不是偷懶，而是因為蘇格蘭獵鹿犬對主人非常忠實，只要主人一動，牠就會跟著動，簡直就像是主人的貼身保鑣一樣。

另外，蘇格蘭獵鹿犬非常有自信，完全不會找其他人或狗吵架，也幾乎沒有攻擊性。

BREEDING・DATA

身　高…71cm以上
體　重…29.5～47kg
價　格…未定
原產國…英國（蘇格蘭）

性格　溫柔、穩重、順從

容易罹患的疾病
眼部疾病、胃扭轉、髖關節發育不良

耐寒度　運動量　清潔保養
60分鐘×2次

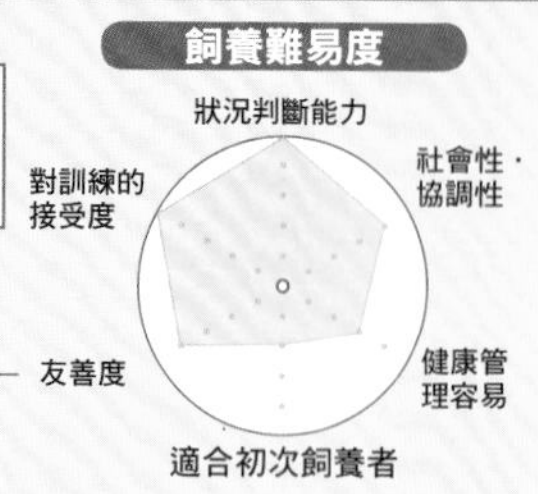

庇里牛斯獒犬

Pyrenean Mastiff

犬種號碼　92
大型犬
第2類

生長於隔絕環境中的巨型犬

Pyrenean Mastiff

毫不猶豫地守護家人的生命財產安全

庇里牛斯獒犬自古即存在於與世隔絕的西班牙邊境的庇里牛斯山脈，直到最近才廣為世人所知，美國目前尚未將之公認為正式的犬種。其祖先是亞洲的獒犬，負責守護農場和牧場的羊群免於遭受狼群或熊的侵襲，以其毫不畏懼嚴峻寒冷環境的身體，保護主人身家財產的安全。

雖然庇里牛斯獒犬一直是與強勁的野生動物拚搏的犬種，但是對家人卻非常忠實，平時也非常溫和敦厚、溫柔體貼。儘管動作遲緩，然而當家人的生命財產安全遭受威脅時，庇里牛斯獒犬仍然會敏捷地起身對抗。

在日本，庇里牛斯獒犬並不是一般家庭能夠飼養的犬種，更何況也不是初次飼養者可以應付的犬種，此一犬種應該由經驗豐富、能夠應付每天長時間、長距離散步的飼主飼養。

BREEDING・DATA

身　高…71～80cm
體　重…55～75kg
價　格…未定
原產國…西班牙

性格　溫和敦厚、溫柔、順從飼主、忠實

容易罹患的疾病
髖關節發育不良、皮膚病

耐寒度　運動量　清潔保養

60分鐘×2次

飼養難易度

狀況判斷能力
社會性・協調性
健康管理容易
適合初次飼養者
友善度
對訓練的接受度

短毛牧羊犬

Smooth Collie

犬種號碼 296
中型犬
第1類

活躍於全世界的牧羊犬

喜歡對家人撒嬌

Smooth Collie

這是粗毛牧羊犬的短毛種，但是短毛牧羊犬並非基因突變，而是由粗毛牧羊犬和靈猩配種而成的。培育短毛牧羊犬的動機非常單純，只是想培育出比粗毛牧羊犬跑得更快的犬種，於是才和靈猩進行配種。

短毛牧羊犬的個性和粗毛牧羊犬相差無幾，活潑開朗、天真爛漫。對待家人非常友善，近乎於撒嬌。由於原本屬於牧羊犬種，因此擁有非常出色的狀況判斷能力和行動力，比粗毛牧羊犬稍微溫馴一點，但是卻略微神經質而顯出膽小的一面，因此若遭人糾纏、追趕的話，可能會起身反抗。

短毛牧羊犬在全世界從事著各種不同領域的工作，除了牧羊犬之外，也擔任身障人士的輔助工作。

BREEDING · DATA

身　高…56～66cm
體　重…23～24kg
價　格…未定
原產國…英國

耐寒度　運動量　清潔保養
60分鐘×2次

性格　活潑、溫和敦厚、內向、警戒心強

容易罹患的疾病
眼部疾病、下痢、心臟疾病、皮膚疾病

飼養難易度

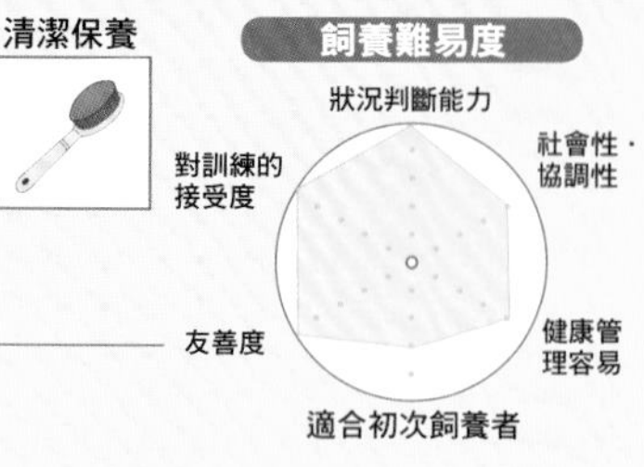

葡萄牙水犬

Portuguese Water Dog

犬種號碼　37
中型犬
第8類

葡萄牙的漁夫犬
別名為「葡萄牙水獵犬」

因身為美國總統的寵物犬而聞名

Portuguese Water Dog

別名為「葡萄牙水獵犬」的葡萄牙水犬，以前從事的主要內容是為葡萄牙的漁夫協助漁獵工作、看顧船隻、來往於船隻之間傳遞命令等。1930年代，隨著機械化的進步，葡萄牙水犬也逐漸失去其功能而消聲匿跡。直到1959年某位富豪開始進行繁殖，於是才又成功復育。後來因美國第44任總統歐巴馬飼養葡萄牙水犬做為白宮第一家庭的成員，因而聞名於世。

葡萄牙水犬的個性天真無邪，對於信任的人態度友善，對陌生人則會抱持著警戒心，但是不具攻擊性。

被毛有兩種類型，分別為捲毛種和波浪毛種。波浪毛種葡萄牙水犬一般會進行所謂的「獅子型剪法」的處理。由於葡萄牙水犬很少脫毛，因此只需要定期刷毛即可，一點也不麻煩。

經過獅子型剪法的葡萄牙水犬。

BREEDING · DATA

身　高…43～57cm
體　重…16～25kg
價　格…未定
原產國…葡萄牙

性格 工作熱心、對飼主忠實、警戒心強

容易罹患的疾病
眼部疾病、關節疾病、皮膚病

耐寒度　運動量　清潔保養

60分鐘×2次

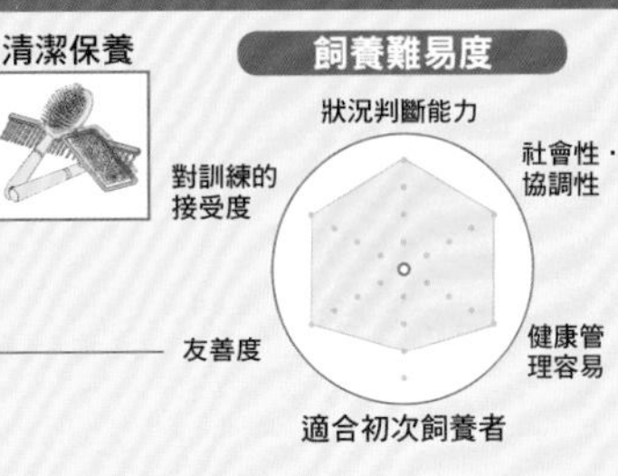

愛爾蘭紅白蹲獵犬

Irish Red and White Setter

犬種號碼　330
大型犬
第7類

以愛爾蘭蹲獵犬為基礎的犬種

給人一種有點愛撒嬌的印象

Irish Red and White Setter

愛爾蘭紅白蹲獵犬源於愛爾蘭蹲獵犬，以往和紅毛愛爾蘭蹲獵犬是以同一犬種的身份進行繁殖，但是後來只從其中選擇紅毛種進行繁殖，於是紅白種蹲獵犬的數量便越來越少了。西元1940年代已瀕臨絕種的命運，但是1944年創立了「愛爾蘭紅白蹲獵犬協會」，才讓此一犬種得以繼續保留下來。

能力方面，愛爾蘭紅白蹲獵犬和愛爾蘭紅蹲獵犬沒有太大的差別，不過愛爾蘭紅白蹲獵犬更給人一種愛撒嬌的印象。至於其他部分，愛爾蘭紅白蹲獵犬速度快、活力十足，對待家人感情深厚、態度友善，但是面對陌生人則視若無睹，不輕易理會。做為看守犬或許不太適合，但是做為家庭犬倒是沒有問題。

BREEDING · DATA

身　高…58～69cm
體　重…27～32kg
價　格…未定
原產國…愛爾蘭

耐寒度　運動量　清潔保養

60分鐘×2次

性格 溫和敦厚、對家人友善

容易罹患的疾病
眼部疾病、皮膚疾病

飼養難易度

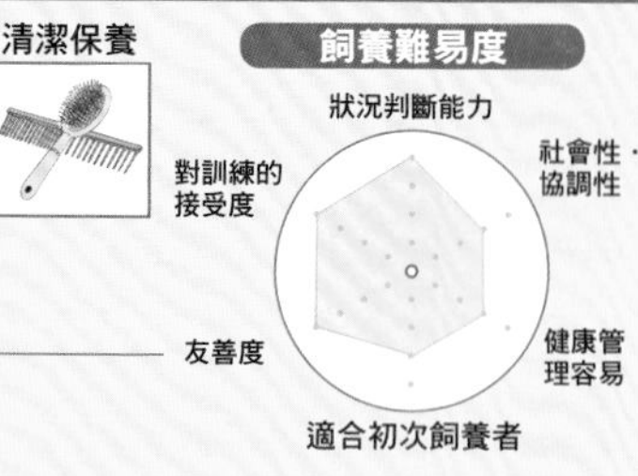

伊比沙獵犬

Ibizan Hound

犬種號碼 89
大型犬
第5類

古埃及流傳下來的古代犬

短毛伊比沙獵犬。

粗毛伊比沙獵犬。

不適合都市生活

Ibizan Hound

具有5000年以上歷史的古埃及遺跡中，出現了酷似伊比沙獵犬的狗，一般認為那些狗就是伊比沙獵犬和法老王獵犬的共同祖先。8世紀時，和腓尼基人一起來到西班牙海域巴利亞利群島中的伊比沙島，長久以來維持純粹的血統。伊比沙獵犬擅長狩獵，會利用其敏銳的視力、嗅覺和聽覺搜捕兔子，屬於萬能的獵犬。

別名為「波登可伊比沙犬」（Podengo Ibizan）的伊比沙獵犬，體型纖細、運動神經發達，非常喜歡在山野中到處奔馳。因此做為家庭犬飼養時，如何進行運動才是令人頭痛的大問題。雖然伊比沙獵犬不適合都市生活，但是本身擁有卓越的適應能力，只要和主人在一起，一定能夠慢慢地適應環境。不過，由於需要嚴格的訓練，因此不是初次飼養者可以勝任的犬種。

BREEDING · DATA

身　高…56～74cm
體　重…19～25kg
價　格…未定
原產國…西班牙

性格 順從、聰明、感情豐富

容易罹患的疾病
眼部疾病、髖關節發育不良

耐寒度
運動量
60分鐘×2次
清潔保養

飼養難易度

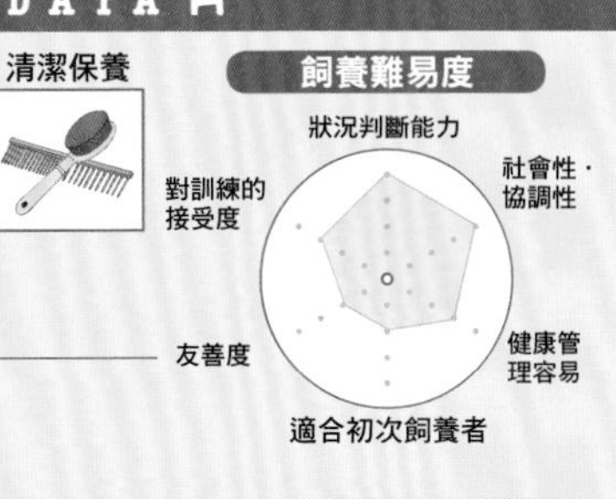

巨型日本犬

Great Japanese Dog

犬種號碼 344
大型犬
第2類

傳入美國的秋田犬
別名為美國秋田犬

需要嚴格的服從訓練

Great Japanese Dog

「巨型日本犬」這個名字大家可能聽不習慣，別名為「美國秋田犬」的巨型日本犬，祖先正是日本的秋田犬。第二次世界大戰後，隨著美軍返國而傳入美國，也因此當時無法再取得日本秋田犬的血統，於是便藉由與德國牧羊犬混血配種完成獨自進化，直到現在已和秋田犬分屬不同的犬種。

秋田犬原本就是順從飼主、抗壓力強的忠犬，但是卻因為未進行完善的訓練，在美國時常發生秋田犬咬傷人的意外。由於秋田犬的地盤意識非常強烈，因此對入侵者具有攻擊性。

雖然巨型日本犬身上承襲著日本犬的血脈，但是經過反覆和西洋犬種進行混種之後，如果無法確實地進行服從訓練，在日本可能也會發生意外，因此務必用心好好地飼養牠。

BREEDING・DATA

身　高…60～71㎝
體　重…36～59kg
價　格…未定
原產國…美國

性格 溫和敦厚、順從飼主、警戒心和地盤意識強烈

容易罹患的疾病
髖關節發育不良

飼養難易度

狀況判斷能力
社會性・協調性
健康管理容易
適合初次飼養者
友善度
對訓練的接受度

埃斯尼拉山犬

Estrela Mountain Dog

犬種號碼　173
大型犬
第2類

葡萄牙最古老的警衛犬

埃斯尼拉山犬據說是葡萄牙最古老的犬種，自古即在葡萄牙中部的埃斯尼拉山擔任警衛犬的工作，目前仍舊從事看顧羊群免受野狼攻擊的任務。埃斯尼拉山犬擁有強烈的警戒心，對於可疑人物或不明聲響，均會立刻適當地反應。因此也被用來做為警犬和軍用犬。在葡萄牙，一般稱為「Cao de Serra da Estrela」。

性格方面是合格的家庭犬

一般家庭不容易飼養埃斯尼拉山犬，不過以個性而言，倒稱得上是合格的家庭犬。充滿知性、穩重，對家人有著深厚的情感和信任，當然也適合做為看守犬守護家人的生命財產安全，訓練也可以順利地進行。不過問題在於埃斯尼拉山犬的運動量，必須得是能陪牠長時間運動的飼主，否則很難應付。另外，牠也不能適應獨自留在狹窄的空間。

BREEDING · DATA

身　高…62～72cm
體　重…30～50kg
價　格…未定
原產國…葡萄牙

性格 勇敢、具攻擊性

容易罹患的疾病
髖關節發育不良、皮膚病

耐寒度　運動量　清潔保養

飼養難易度

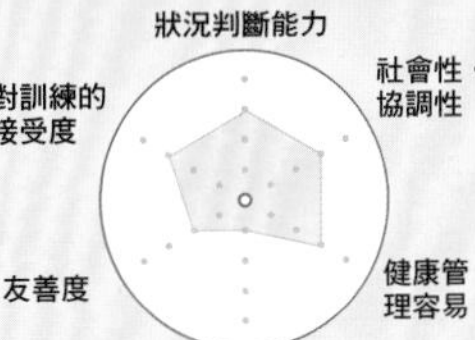

德國剛毛指示獵犬

German Wirehaired Pointer

犬種號碼 98
大型犬
第7類

被毛耐水性絕佳的獵犬

不適合一般家庭飼養

German Wirehaired Pointer

德國剛毛指示獵犬在歐洲國家屬於高人氣的犬種，更徨論其原產國德國了。德國剛毛指示獵犬屬於比較新的犬種，19世紀中葉，為了培育出勇於完成水中作業、追蹤及獵殺獵物的優秀獵犬，所配種改良而成。德國剛毛指示獵犬的別名為「Deutsch Drahthaar」，「Deutsch」意指德國、「Drahthaar」則是剛毛之意。其身上的剛毛耐水性佳，能夠抵擋惡劣的天候以及各種環境。

德國剛毛指示獵犬目前仍然保有卓越的能力，一旦走出戶外，便會有無窮的精力，非常喜歡長時間奔跑。一般家庭飼養的話，要負荷其運動量，可能會非常吃力。德國剛毛指示獵犬的學習能力佳，卻略神經質，不容易訓練，因此不是初次飼養者能夠應付的犬種，同時也不適一般的家庭飼養。

BREEDING · DATA

身　高…57～68cm
體　重…25～30kg
價　格…未定
原產國…德國

耐寒度
運動量
60分鐘×2次
清潔保養

飼養難易度
狀況判斷能力
社會性・協調性
健康管理容易
適合初次飼養者
友善度
對訓練的接受度

性格 勇敢、充滿活力、順從飼主

容易罹患的疾病
眼部疾病、關節疾病

澳洲絲毛㹴

Australian Silky Terrier

犬種號碼　236
小型犬
第3類

外表美麗
骨子裡卻深具㹴犬的特質

需要勤加保養 增添被毛的光澤

Australian Silky Terrier

外表酷似約克夏㹴的澳洲絲毛㹴，外形非常可愛。19世紀末於澳洲經由約克夏㹴和澳洲㹴配種之後，培育出體型比約克夏㹴稍微大一點的澳洲絲毛㹴。

澳洲絲毛㹴有著如絲絹般閃閃發光的被毛以及優雅的姿態，但是內在仍然充滿㹴犬的特質，當牠發現老鼠等動物而過度興奮時，可能會讓飼主束手無策，萬一在追逐時受阻，可能還會出現攻擊性。為了避免發生這樣的情形，飼主務必不斷地進行嚴格的訓練，讓牠能夠聽從飼主的命令。

為了維持澳洲絲毛㹴美麗的被毛，必須每天刷毛，以梳整被毛和清除身上的脫毛。另外也要以鐵扁梳為愛犬梳整，增添被毛的光澤。

BREEDING · DATA

身　高…22.5～23.5cm
體　重…4～5kg
價　格…未定
原產國…澳洲

耐寒度　運動量　清潔保養

10分鐘×2次

飼養難易度

狀況判斷能力
社會性·協調性
健康管理容易
適合初次飼養者
友善度
對訓練的接受度

性格 好奇心旺盛、活潑開朗、略具攻擊性

容易罹患的疾病
氣管虛脫、關節疾病、水腦症、糖尿病

庫瓦茲犬

Kuvasz

犬種號碼 54
大型犬
第1類

曾度過瀕臨絕種的悲慘歲月

從事各種工作的白色巨犬

Kuvasz

骨架粗壯、一身雪白的庫瓦茲犬，13世紀即已存在於世，但是其詳細的身世來源仍舊不明。西元1956年受到匈牙利境內引起的暴動牽連，而發生了庫瓦茲犬大量遭到射殺的悲劇。此時，庫瓦茲犬正瀕臨絕種的命運，不過最後在愛犬人士的努力之下總算獲救。

由於庫瓦茲犬以往是活躍於獵捕野豬和野狼的獵犬，除了嗅覺，其他各項能力也非常優秀，發展性非常多元，屬於全能的工作犬。

庫瓦茲犬非常順從主人，對待小朋友也非常溫柔。個性忠誠，會捨身保護家人的生命財產安全，聽到不明聲響或發現可疑人物時，會激烈地大聲吠叫嚇阻對方，有時候甚至會展開攻擊。無論是主人的朋友或陌生人，都會提高警覺，不容易接受對方。

BREEDING・DATA

身　高…66～75cm
體　重…30～52kg
價　格…未定
原產國…匈牙利

性格 充滿知性、願意為家人捨身奉獻

容易罹患的疾病
關節疾病、皮膚病

耐寒度　運動量　清潔保養
30分鐘×2次

飼養難易度
狀況判斷能力
社會性・協調性
健康管理容易
適合初次飼養者
友善度
對訓練的接受度

戈登蹲獵犬

Gordon Setter

犬種號碼 6
大型犬
第7類

原產於蘇格蘭的唯一獵鳥犬

越是聰明越須加強彼此的信賴關係

Gordon Setter

戈登蹲獵犬是1770～1820年間進行改良所培育出來的犬種，當時稱為「戈登城蹲獵犬」或「黑褐色蹲獵犬」。「戈登」一詞，是為了對其培育者戈登公爵四世表達敬意而以之命名。直到1924年以後，才正式取得「戈登蹲獵犬」之名。戈登蹲獵犬是所有蹲獵犬中體型最大的犬種，同時也是原產於蘇格蘭唯一的獵鳥犬。

戈登蹲獵犬頭腦聰明、能夠準確地判斷周遭狀況，個性活潑、充滿好奇心，絕對服從主人的命令，並且會拚命地完成。

正因為聰明機靈，不會難以訓練，不過由於其對飼主近乎捨身奉獻的態度，飼主也必須與牠建立起深刻的信賴關係才行。為此，幼犬時期開始滿懷著愛的溝通是不可或缺的。

BREEDING · DATA

身　高…58～69㎝
體　重…20～36kg
價　格…15～25萬日圓
原產國…英國

性格 活潑、忠實、好奇心旺盛

容易罹患的疾病
髖關節發育不良、內分泌疾病、皮膚病

耐寒度　運動量　清潔保養

60分鐘×2次

飼養難易度

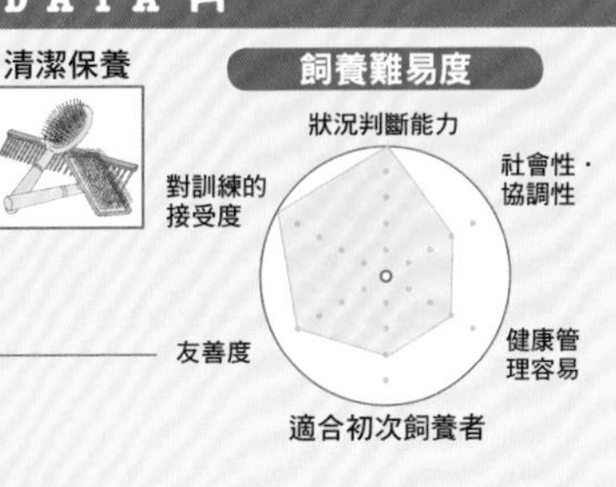

突利亞棉犬

Coton de Tulear

犬種號碼 283
小型犬
第9類

極愛游泳的玩賞犬

與外表相比超乎想像的活潑

Coton de Tulear

突利亞棉犬原產於東非的馬達加斯加，是一種非常珍貴稀有的玩賞犬。15～16世紀，歐洲的水手將宛如捲毛比熊犬般擁有毛絨絨雪白裝飾毛的狗引進馬達加斯加，據說即為突利亞棉犬的祖先，善於游泳及驅逐鼠害。在海洋隔絕的馬達加斯加得以保留其純粹的血統，後來再度隨著水手傳入法國，於是定名為「突利亞棉犬」，意味著「馬達加斯加港口如棉花般的狗」，並認定為正式的犬種。

突利亞棉犬的外表極具玩賞犬的特色，但是卻超乎想像的活潑，由於是跟隨著水手而來的狗，所以非常喜歡游泳。在家裡時也會提高警覺，因此稱得上是有用的看守犬。雖然其體型適合日本的居住環境，但是為了滿足其驚人的運動量，飼主必須每天帶牠外出散步。

BREEDING · DATA

身　高…25～30㎝
體　重…5.5～7kg
價　格…未定
原產國…馬達加斯加

性格 頑固、靜不下來

容易罹患的疾病
眼部疾病、關節疾病

耐寒度　運動量　清潔保養

20分鐘×2次

飼養難易度

可蒙犬

Komondor

犬種號碼　53
大型犬
第1類

辮子頭般的被毛
具有盔甲般的作用

被毛的維持管理非常費工夫

極具特色的辮子頭被毛，是經過漫長的歷史所獲得用以保住性命的盔甲。西元1544年首度獲得「可蒙犬」之名的牧羊犬，是匈牙利牧場上守護羊群免受野狼等猛獸侵襲的護羊犬。據說辮子頭被毛能夠抵禦狼群或熊尖銳的爪牙，以避免傷及皮肉。而且在寒冷的氣候中，辮子頭般的被毛還可以防止底下的底層毛被雨淋濕，同時也具有保溫效果，防止體溫流失。

一般家庭飼養的話，被毛的清潔保養是一件苦差事。光是簡單地沐浴清潔或玩水，要讓被毛完全乾燥，就必須花費12小時以上的時間；每次走路時，身上的被毛也會沾染地板或地面上的灰塵，困擾之事不勝枚舉。因此若要清潔保養，頂多只要做到被毛表面的刷毛即可。

BREEDING · DATA

身　高…55～80cm
體　重…36～59kg
價　格…未定
原產國…匈牙利

性格 忠實、溫柔、警戒心強

容易罹患的疾病
眼部疾病、關節疾病、皮膚病

耐寒度

運動量
60分鐘×2次

清潔保養
幾乎不需要

飼養難易度
狀況判斷能力
社會性・協調性
健康管理容易
適合初次飼養者
友善度
對訓練的接受度

匈牙利維茲拉犬

Hungarian Short-haired Vizsla

犬種號碼 57
大型犬
第7類

曾因戰爭 而瀕臨絕種的犬種

外表高貴 卻容易親近

Hungarian Short-haired Vizsla

維茲拉犬的歷史，始於9世紀中世歐洲的匈牙利，據說當時定居於匈牙利的馬扎兒人所飼養的獵犬，就是維茲拉犬的祖先。20世紀時，匈牙利維茲拉犬瀕臨絕種的命運，不過正當第二次世界大戰如火如荼之際，在愛犬人士的努力下，秘密傳入奧地利和美國，才得以存活至今。

全身覆蓋光滑短毛的維茲拉犬，全身上下散發著高貴的氣質，雖然感覺難以親近，但是個性非常活潑、充滿好奇心，無時無刻不在尋找有趣的事物。對飼主非常忠實，非常喜歡親近家人，能夠溫柔體貼地對待家裡的所有人。雖然對陌生人抱持著警戒心，但是卻不會過度興奮或具攻擊性。

BREEDING · DATA

身　高…53～61cm
體　重…22～30kg
價　格…18～25萬日圓
原產國…匈牙利

性格 活潑、好奇心旺盛

容易罹患的疾病
過敏、顏面神經麻痺、髖關節發育不良

耐寒度　運動量　清潔保養

60分鐘×2次

飼養難易度

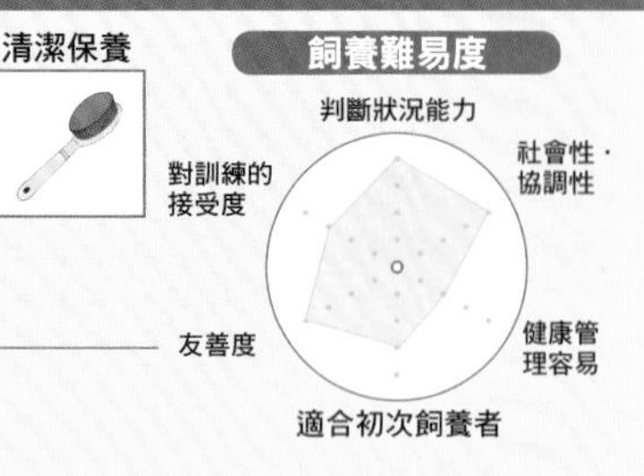

德國狩獵㹴

German Hunting Terrier

犬種號碼 103
小型犬
第3類

原產於德國
卻深受美國人喜愛的犬種

不適合做為家庭犬

German Hunting Terrier

德國狩獵㹴是1800年代，於德國拜恩州以狐獵㹴和黑褐色㹴或黑紅色㹴配種而成，又名為「Deutscher Jagd Terrier」，傳聞是多才多藝的獵犬，自德國傳入美國後，即使在這片新天地，也是以其小巧的獵犬體型活躍於獵捕熊、美洲獅、狐狸和浣熊等狩獵活動上。

㹴犬的活潑特質和不畏懼的個性，更加提高其卓越的狩獵能力，屬於非常喜歡狩獵的犬種。當野鴨被射落水中時，德國狩獵㹴會立刻下水拾回野鴨，另外也能夠發現狐狸的巢穴以及追捕浣熊。

德國狩獵㹴體型小巧，卻不適合做為家庭犬，由於其充沛的體力、缺乏社會性、具攻擊性等因素，雖說牠並非完全沒有家庭犬的特質，但是訓練的過程將會非常辛苦。

幼犬。

BREEDING · DATA

身　高…40cm
體　重…9～10kg
價　格…未定
原產國…德國

性格　抗壓性強、極為獨立、對飼主忠實、具攻擊性

容易罹患的疾病
關節疾病、皮膚疾病

耐寒度　運動量　清潔保養

30分鐘×2次

飼養難易度

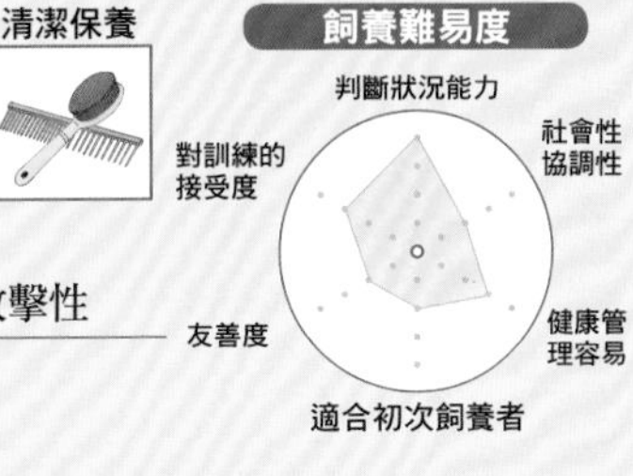

史凱㹴

Skye Terrier

犬種號碼 75
小型犬
第3類

性格與外表差距甚大

史凱㹴的成犬與幼犬。

天生的獵犬

在所有犬種中模樣特別怪異的史凱㹴，其實是歷史悠久的犬種，自400多年前起，就於蘇格蘭西北方的史凱島或霧島等地，活躍於獵捕狗獾或水獺的工作。雖然史凱㹴的身世不明，不過可能是自史凱島沿岸觸礁遇難的船隻上救出的馬爾濟斯犬和當地的土狗配種而成的。

史凱㹴的外表可愛，個性卻非常大膽又頑固。好奇心旺盛，具有和其外表完全相反的天生獵犬特質。其性格活潑開朗、天真無邪，喜歡取悅家人；但是對陌生人卻抱持著警戒心、態度非常冷淡，如果對史凱㹴步步逼近的話，牠可能會對對方大聲狂吠或緊咬不放而具有攻擊性。因此飼主務必多加訓練，以控制愛犬的行為。

BREEDING · DATA

身　高…24～26㎝左右
體　重…8.5～10.5kg
價　格…未定
原產國…英國（蘇格蘭）

性格 警戒心強、頑固

容易罹患的疾病
消化器官疾病、皮膚病

耐寨度　運動量　清潔保養

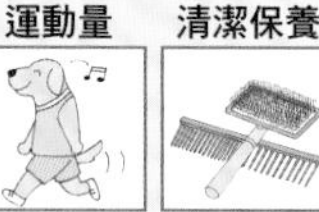

20分鐘×2次

飼養難易度

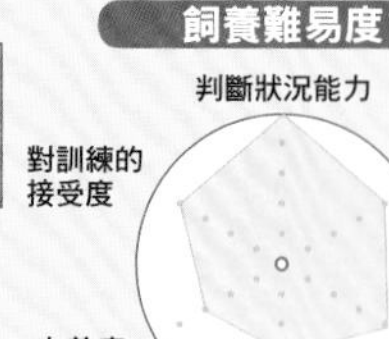

短毛獵狐㹴

Smooth Fox Terrier

犬種號碼 12
小型犬
第3類

專門用來
獵捕狐狸的㹴犬

精力充沛 極具速度感

Smooth Fox Terrier

在西元1900年代初之前，短毛獵狐㹴和剛毛獵狐㹴被認定為同一犬種，彼此之間也進行交配，直到後來才將兩者劃分為不同的犬種。短毛獵狐㹴身上承襲著靈猩、牛頭㹴和米格魯等犬種的血統，主要活躍於獵狐的活動。由於經常和專門獵狐的獵狐犬一起行動，為了避免腳程快的獵狐㹴在追逐狐狸時和狐狸混淆，其身上的毛色以白色為佳。

短毛獵狐㹴總是活力十足，精力充沛，簡直不知疲勞為何物。而且極具速度感，富有挑戰精神，包含惡作劇在內，經常企圖挑戰各種事物。個性順從主人，對主人的感情深厚，不過對陌生人卻表現得非常頑固，略具攻擊傾向。

BREEDING · DATA

身　高…39㎝
體　重…7～8kg
價　格…未定
原產國…英國

耐寒度　運動量　清潔保養

30分鐘×2次

飼養難易度

判斷狀況能力
社會性・協調性
健康管理容易
適合初次飼養者
友善度
對訓練的接受度

性格 順從、感情豐富、具攻擊性

容易罹患的疾病
關節疾病、皮膚疾病

北非獵犬

Sloughi

犬種號碼 18
大型犬
第10類

北非遊牧民族的獵犬

絕佳的視力

Sloughi

北非獵犬屬於北非的視覺型獵犬（sight hound），原本是北非遊牧民族巴巴里人自古視如家人的狗。19世紀末，派駐當地的駐軍將北非獵犬引進歐洲之後才廣為世人所知。

憑其絕佳的視力，可以發現遠方的獵物，小心翼翼地接近，不讓對方發現，待進入其射程範圍之後，再以迅速的腳程一鼓作氣地拚命追趕。

北非獵犬平時的個性溫柔又敦厚，具社會性，對於包含寵物在內的所有家庭成員都視為同伴。但是對於陌生人抱持著警戒心，卻又裝作漠不關心，不輕易敞開心房。運動量龐大。雖然一般家庭是可以飼養的，但是為了維持健康的身體，每天需要長時間的運動。

BREEDING · DATA

身　高…61～72cm

體　重…20～27kg

價　格…未定

原產國…摩洛哥（北非）

性格 溫柔、視家人（包含家中的寵物）為同伴

容易罹患的疾病

關節疾病、骨折、皮膚病

耐寒度　運動量　清潔保養

60分鐘×2次

飼養難易度

判斷狀況能力
社會性・協調性
健康管理容易
適合初次飼養者
友善度
對訓練的接受度

澳洲㹴

Australian Terrier

犬種號碼　8
小型犬
第3類

澳洲第一隻
獲得公認的正式犬種

Australian Terrier

能發揮各種能力的㹴犬

澳洲㹴是澳洲第一隻獲得公認的正式犬種，是由凱恩㹴、史凱㹴和約克夏㹴等各種不同的㹴犬配種而成的。澳洲㹴完全流露出㹴犬與生俱來的活力和開朗的個性，因好奇心旺盛，最初扮演著看守犬和牧羊犬的角色，主要是從事為農場驅逐肆虐的鼠患和蛇類等害獸。直至西元1896年確立了標準型澳洲㹴之後，才廣為世人所知。

以家庭犬的性格而言，澳洲㹴雖然調皮，但對家人感情深厚，個性溫柔、充滿知性，意外地容易訓練。

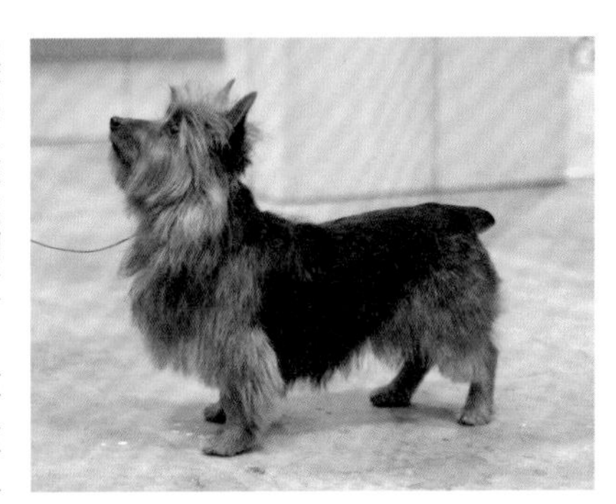

澳洲㹴的體型雖小，卻擔任農場的看守犬，因此在家中應該也能夠勝任看守犬的職務，一發現可疑人物或不明聲響時會立刻反應，大聲吠叫通知飼主。

清潔保養方面最好能為臉部周圍的毛進行修剪，特別是蓋住眼睛的被毛。

BREEDING · DATA

身　高…24.5～25.5cm
體　重…5～6kg
價　格…未定
原產國…澳洲

性格 天真無邪、活潑、警戒心強、略具攻擊性

容易罹患的疾病
皮膚病

耐寒度　運動量　清潔保養

20分鐘×2次

飼養難易度

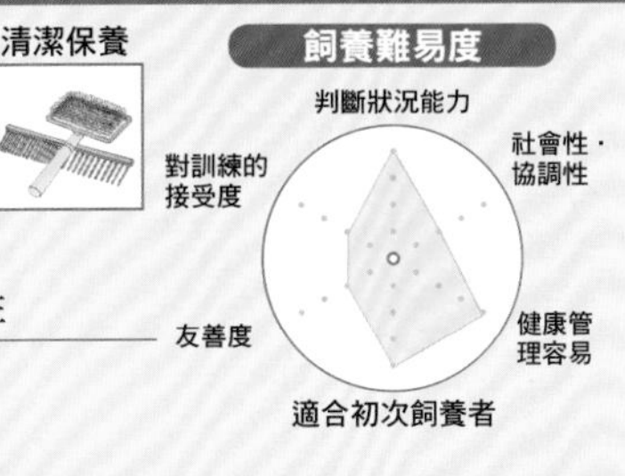

挪威獵麋犬

Norwegian Elkhound

犬種號碼　242
中型犬
第5類

自石器時代
即已存在的狩獵犬

不眠不休地守護著家人

Norwegian Elkhound

根據研究報告指出，約6000年前石器時代末期，挪威獵麋犬即已存在於北歐的斯堪地納維亞半島。此一犬種名，意指「獵捕挪威麋鹿的狗」。西元1877年之前，世人對挪威獵麋犬一無所知，直到被引進美國和英國之後才廣為世人所知。目前挪威獵麋犬被指定為挪威的國犬。

除了獵犬以外，挪威獵麋犬做為看守犬的能力也非常出色，其敏銳的注意力和觀察力，加上不眠不休地守護著家人生命財產安全的情操，都令人敬佩。當狼群或熊接近時，會大聲吠叫通知主人，同時嚇阻敵人。即使是由一般家庭所飼養，挪威獵麋犬仍保有此一看守的能力，應該會是值得信賴的看守犬。

對主人的忠誠度非常高，連主人的朋友也會熱情地示好。

BREEDING・DATA

身　高…47～52cm左右
體　重…約22～23kg
價　格…未定
原產國…挪威

性格 順從、親和力十足、好勝、警戒心強

容易罹患的疾病
皮膚病、視網膜萎縮症

耐寒度　運動量　清潔保養
60分鐘×2次

飼養難易度

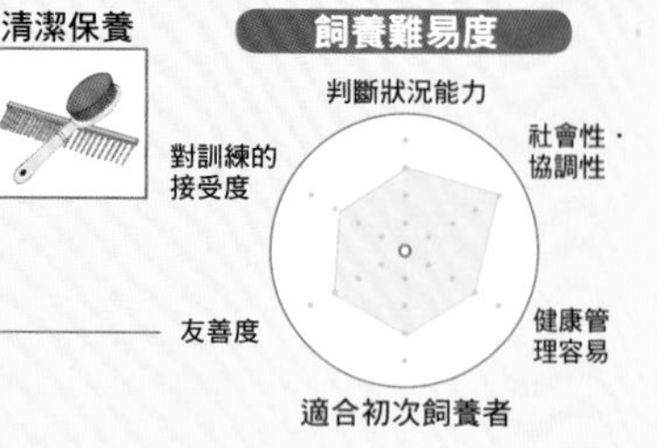

挪威布哈德犬

Norwegian Buhund

犬種號碼 237
中型犬
第5類

曾和維京人一起生活的同伴

由於在維京人西元900年的墳墓裡，挖掘出可能是挪威布哈德犬祖先犬的遺骨，因此一般認為該犬種自古即和人類一起生活，而且當時似乎擔任管理家畜的看守犬。近代的布哈德犬改良自挪威的西部地區，並於西元1920年代首度參加狗展。

由於挪威布哈德犬的記性好、學習能力佳，可以吸收各種不同的訓練內容。做為看守犬，是挪威布哈德犬與生俱來的能力，因此即使不進行訓練，飼主也可以安心。也因此，挪威布哈德犬同樣是非常活躍的警犬和看護犬。如果可以，最好能夠讓牠生活在大自然之中，不過由於其適應能力佳，因此也可以順應都市生活。但是挪威布哈德犬需要龐大的運動量，因此必須每天外出散步。

適應能力佳 可順應都市生活

Norwegian Buhund

BREEDING · DATA

身　高…41～46cm
體　重…18kg
價　格…未定
原產國…挪威

性格 記性好、友善

容易罹患的疾病
皮膚病

耐寒度
運動量
60分鐘×2次
清潔保養

飼養難易度
判斷狀況能力
社會性・協調性
健康管理容易
適合初次飼養者
友善度
對訓練的接受度

田野獵犬

Field Spaniel

犬種號碼 123
中型犬
第8類

數度獲得公認的犬種

外表看似高傲 個性卻十分活潑

田野獵犬的祖先是英國可卡獵犬。西元1800年代末一度被公認為正式犬種，然而1920年卻行蹤不明。其後於西元1948年，由僅存的犬隻開始進行繁殖，並於1978年再度獲得公認，經歷相當坎坷。以前田野獵犬被視為和英國可卡獵犬屬於同一犬種，不過由於田野獵犬的體型比可卡獵犬大上一號，因此分屬不同的犬種。

觸感極佳的柔軟被毛，更彰顯出田野獵犬的美麗。其外表看似高傲，但是對於家人卻非常熱情、開朗，精神充沛，同時也展現其溫和的一面。田野獵犬的玩心重，因此和小朋友在一起的話，會活力十足地到處活蹦亂跳，至於面對陌生人時，一開始會表現冷淡，但是習慣之後就會邀對方陪自己玩。

BREEDING・DATA

身　高…44～48cm
體　重…16～23kg
價　格…未定
原產國…英國

耐寒度

運動量

30分鐘×2次

清潔保養

飼養難易度
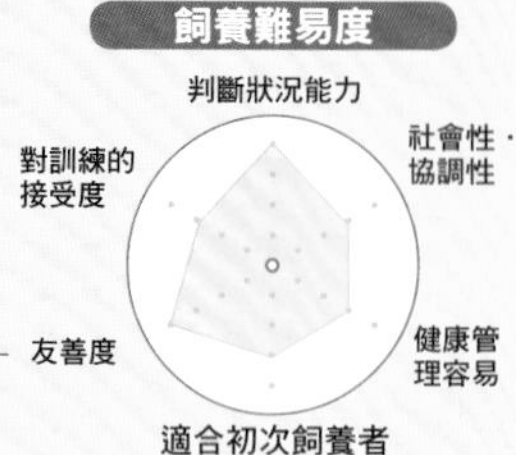

性格 溫和敦厚、順從、感情豐富、忍耐力強

容易罹患的疾病
關節疾病、皮膚疾病

波密犬

Pumi

犬種號碼　56
中型犬
第1類

匈牙利出身的波利犬的近親

可愛卻又神經質

波密犬的基礎犬是匈牙利的辮子毛波利犬的混合種，是於1700年代加以改良，並加入博美狗和㹴犬等犬種配種所培育出來的，在1920年終於正式確立為獨立犬種。

波密犬的外形相當可愛，也非常討喜。但卻相當好勝，一旦過度興奮，可能會具有攻擊性。陌生人靠近時會大聲狂吠，陌生的狗接近時則會威嚇對方。

對家人充滿深厚的感情。由於只要聽到一點聲音也很容易過度反應地大叫，因此不僅是公寓等集合住宅，即使是住宅區也可能會造成鄰居的困擾。可能是因改良時混合了㹴犬的血統，才會造成此種性急又喧鬧的性格。

由於其原本的性格即是如此，因此即使自幼犬時期起便滿懷愛心地和愛犬溝通，飼主恐怕也難以控制愛犬的行為。

BREEDING · DATA

身　高…33～48cm
體　重…10～15kg
價　格…未定
原產國…匈牙利

性格 好奇心旺盛、容易興奮、好勝、警戒心強

容易罹患的疾病
眼部疾病、關節疾病

耐寒度　運動量　清潔保養

60分鐘×2次

飼養難易度
判斷狀況能力
社會性・協調性
健康管理容易
適合初次飼養者
友善度
對訓練的接受度

秘魯無毛犬

Peruvian Hairless Dog

犬種號碼　310
小、中、大型犬
第5類

印加帝國的神聖犬種

身體近乎赤裸所以更需要保養

Peruvian Hairless Dog

紀元前300年至西元1400年之間，秘魯無毛犬一直被印加帝國尊崇為神聖的狗。後來西班牙人征服秘魯時發現了此一犬種。別名為「Peruvian Inca Orchid」，意指原產於秘魯的無毛犬種。後來西班牙人將此一犬種進貢給中國。

雖然FCI註冊的犬種號碼相同，但是依其體型可分成小型、中型和大型三種。而所需的運動量，也依體型大小而異。

秘魯無毛犬的性格活潑、充滿知性，對家人充滿深厚的情感。對陌生人不算具有攻擊性，但會提高警覺，因此很難立刻成為好朋友。不過這種警覺度或許是身為看守犬最剛好的強度。

由於秘魯無毛犬身上幾乎沒有被毛、近乎赤裸，因此夏天必須穿上T恤防曬，冬天則必須塗抹潤膚乳液以防止肌膚乾燥，而且外出時也需要穿上禦寒的衣物。

（小型犬／20分鐘×2次；中型&大型犬／30分鐘×2次）

BREEDING·DATA

身　高…25～65cm
體　重…4～25kg
價　格…未定
原產國…秘魯

性格 充滿知性、感情豐富、細心

容易罹患的疾病
皮膚病

耐寒度

運動量
依體型而異
參考上述

清潔保養
幾乎不需要

飼養難易度

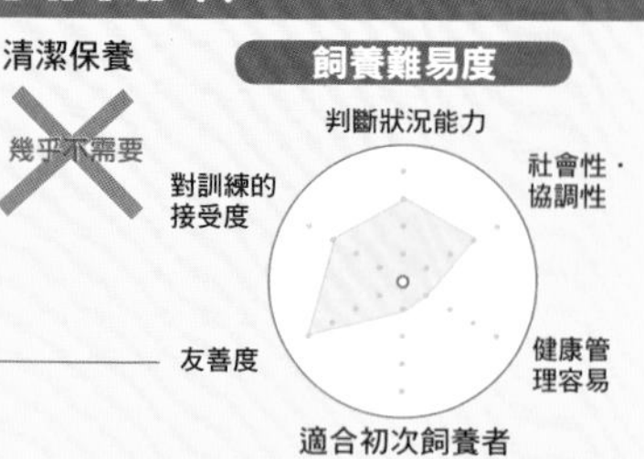

比利時拉坎諾斯牧羊犬

Belgian Shepherd Dog Laekenois

犬種號碼 15
大型犬
第1類

最後被世人所知的比利時牧羊犬

擁有最完美的家庭犬特質

Belgian Shepherd Dog Laekenois

拉坎諾斯牧羊犬是所有比利時牧羊犬中數量最少的犬種，19世紀才廣為世人所知。由於深受比利時布魯塞爾的女王喜愛，因而以女王居住的拉坎城為名，命名為「拉坎諾斯」。

據說是所有比利時牧羊犬中個性最溫和、最不具攻擊性、最容易飼養的犬種。由於原本就是做為保護家人和家畜生命財產安全的警護犬，因此即使做為家庭犬，也會是值得信賴的看守犬。

拉坎諾斯牧羊犬的智商高，可以在訓練的過程中加入一點趣味。但如果飼主不夠純熟，以牠的聰明才智，可能會變得更不合作。

飼養上最辛苦的就是如何運動的問題。最好能有一個讓愛犬自由嬉戲的地方，不過以日本的居住環境根本不可行，因此需要每天長時間、長距離的散步。

BREEDING・DATA

身　高…55～66cm
體　重…27.5～28.5kg
價　格…未定
原產國…比利時

性格 聰明、溫馴、警戒心強

容易罹患的疾病
過敏、髖關節發育不良、皮膚病

耐寒度　運動量　清潔保養

60分鐘×2次

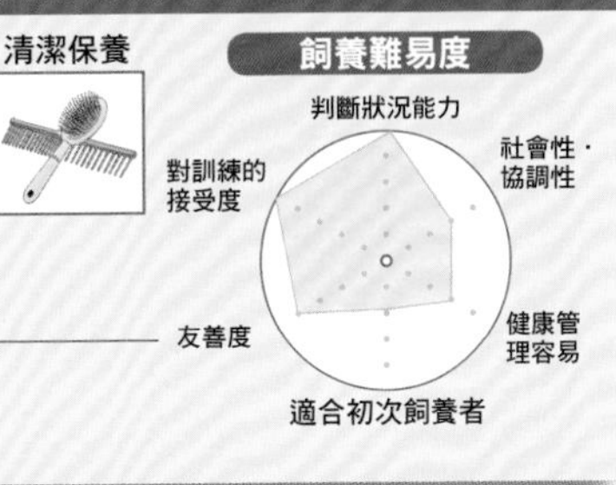

法國狼犬

Berger de Beauce

犬種號碼 44
大型犬
第1類

出征戰場的優秀犬種

在歐洲國家仍舊保持原貌

Berger de Beauce

1578年所保留下來的文獻中，出現了被視為是法國狼犬的記載。其犬種名來自原產地法國中部的博斯地區（Beauce），1896年成為其正式名稱，別名又稱為「Beauceron」。二次大戰時，法國狼犬被用來做為傳令犬和防爆犬，大戰結束後，法國狼犬的數量驟減，而目前，歐洲的數量也不多。

以往會將法國狼犬進行斷尾和剪耳手術，使得其面貌宛如杜賓狗般凶惡。但是現今歐洲國家已禁止進行斷尾和剪耳的做法，才得以看到其原來的面貌。

法國狼犬對於家人忠實且穩重，對待小朋友或其他的寵物也很溫柔，相處得也很融洽。再者，由於以往是用來保護家畜的護羊犬，警戒心強，聽到些微聲響或看到人影便會立刻反應，因此做為優秀的看守犬也會是值得信賴的夥伴。

BREEDING・DATA

身　高…61～70㎝
體　重…30～39kg
價　格…未定
原產國…法國

性格 順從、溫和、喜歡小朋友

容易罹患的疾病
髖關節發育不良、皮膚病

耐寒度
運動量 60分鐘×2次
清潔保養

飼養難易度

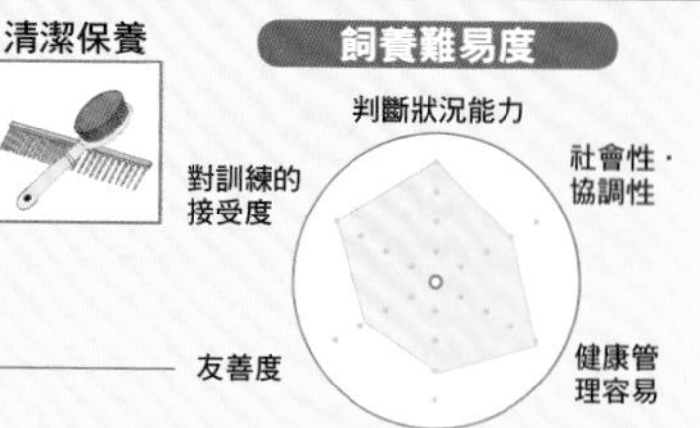

伯納獵犬

Berner Hound

犬種號碼 59
中型犬
第6類

瑞士的四色獵犬

應該被飼養於寬敞的空間

Berner Hound

伯納獵犬是指原產於瑞士的中型獵犬，別名為「Berner Laufhund」。依毛色的不同，雖然在FCI註冊的犬種號碼相同，卻各擁有不同的名稱，分別是白底紅斑的「Schweitzer」、白黑褐三色混合的「Berner」、灰底黑斑摻白毛的「Luzerner」、黑黃褐色或褐底加上黑色馬鞍痕的「Yula」等四種。在瑞士以外的國家還不太熟悉此一犬種，不過在瑞士卻是人氣很高的優秀獵犬，擁有靈敏的嗅覺、充沛的精力以及通知飼主獵物位置的強而有力的聲量。

無論是健康方面或精神方面，都需要寬敞的空間，而且也必須消耗其龐大的運動量。因此，都市的一般家庭就不用說了，伯納獵犬可說是特別不適合日本的犬種。

三色混合之伯納獵犬。

BREEDING · DATA

身　高…46～58cm
體　重…15～20kg
價　格…未定
原產國…瑞士

性格 順從

容易罹患的疾病
關節疾病、皮膚病

耐寒度
運動量 60分鐘×2次
清潔保養

飼養難易度
判斷狀況能力
社會性·協調性
健康管理容易
適合初次飼養者
友善度
對訓練的接受度

馬瑞馬牧羊犬

Maremma Sheepdog

犬種號碼 201
大型犬
第1類

義大利觀光地區的白色巨犬

難以訓練

馬瑞馬牧羊犬是出身於義大利的托斯卡那、馬瑞馬和阿布魯佐的牧羊犬。以往將各地區出身的狗分屬於不同的犬種，但是西元1850年以後，均統一為馬瑞馬牧羊犬。這裡畜牧業發達，牧羊犬大多用來分擔人們的工作。其雪白的身軀，可以避免與在夜間襲擊家畜的猛獸混淆而遭到誤殺。

現今的馬瑞馬牧羊犬仍然保有看守犬的特質，獨立自主、狀況判斷能力高，可自行判斷採取行動。但是也正因為頭腦聰明，對於自己不認同的事物也比較不會付諸行動，因此很不容易訓練。為了避免發生此一狀況，自幼犬時期起，飼主務必滿懷著愛地和愛犬溝通。如此一來，馬瑞馬牧羊犬個性就會變得溫和敦厚、對主人順從了。

BREEDING・DATA

身高…60～73cm
體重…30～45kg
價格…未定
原產國…義大利

性格 溫和敦厚、獨立、頑固

容易罹患的疾病
外耳炎、關節疾病

耐寒度

運動量

60分鐘×2次

清潔保養

飼養難易度
判斷狀況能力
社會性・協調性
健康管理容易
適合初次飼養者
友善度
對訓練的接受度

曼徹斯特㹴

Manchester Terrier

犬種號碼　71
小型犬
第3類

大眾化的英國㹴犬

喧鬧的個性 極具㹴犬特質

Manchester Terrier

曼徹斯特㹴是英國㹴犬中最具代表性的犬種，在原產國英國的人氣指數很高，是相當大眾化的犬種。其祖先為中世紀專門捕鼠的蘇格蘭黑黃褐色㹴犬。19世紀時，許多曼徹斯特的勞工都會飼養這種狗。曼徹斯特㹴是玩具曼徹斯特犬的基礎犬。

曼徹斯特㹴極具㹴犬的特質，乍看之下似乎沉著穩重，然而一旦過度興奮的話，就會喧鬧不已，到處亂跑亂跳，讓人無法應付。

曼徹斯特㹴的性格溫和敦厚、對家人擁有深厚的情感。另外，有其害怕寂寞的一面，例如若長時間獨自看家的話，可能會引發癲癇，而將室內弄得一團亂。

倘若飼主放任不管的話，曼徹斯特㹴可能會因壓力而引發攻擊性。

BREEDING · DATA

身　高…38～41cm

體　重…5～10kg

價　格…未定

原產國…英國

性格 溫和敦厚、開朗、感情豐富

容易罹患的疾病

關節疾病、皮膚病

耐寒度

運動量

30分鐘×2次

清潔保養

飼養難易度

判斷狀況能力

社會性・協調性

健康管理容易

適合初次飼養者

友善度

對訓練的接受度

墨西哥無毛犬

Mexican Hairless Dog

犬種號碼 234
小型犬
第5類

自馬雅文明時期起 即和人類一同生活

肌膚的保養是重點

Mexican Hairless Dog

紀元前1500年左右，自馬雅文明時代開始，墨西哥無毛犬就已經存在，並扮演著人們生活中不可或缺的一部分，大多用於為病患保溫或為關節炎的病人熱敷患部。直到約100年前為止，當氣候異常而發生饑荒時，甚至會被拿來當成緊急的糧食。別名又稱「Xoloitzcuintli」。

除了頭部僅有的被毛之外，墨西哥無毛犬幾乎全身無毛，雖然無需為被毛做清潔保養，但是由於肌膚外露，因此肌膚的保養變得格外重要。此種皮膚會因乾燥或強烈的日曬而導致曬傷等問題。為此，飼主可以使用愛犬專用的潤膚乳，以維持其肌膚的濕潤，至於炎熱的夏季外出時，則要為愛犬穿上T恤保護皮膚。另外，寒冷的冬季，也別忘了要做好禦寒的準備。

BREEDING · DATA

身　高…30～38cm
體　重…6～10kg
價　格…未定
原產國…墨西哥

性格 感情豐富、活潑、冷靜

容易罹患的疾病
關節疾病、皮膚病

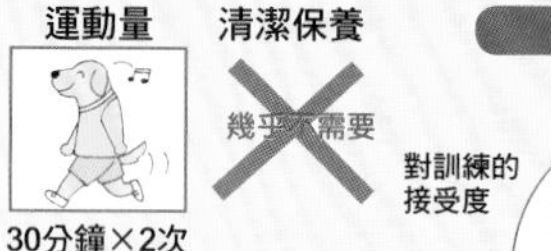

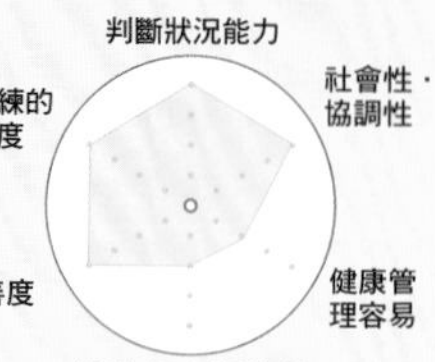

金多犬

Jindo

犬種號碼　334
中型犬
第5類

日本犬的遠祖

儘量不要讓愛犬感覺孤單或無趣

金多犬是13世紀韓國遭受蒙古人侵略時，由蒙古軍帶來的軍犬和韓國當地的土狗配種而成的。一般認為金多犬是本州、四國、九州所產的日本犬的祖先，而西元1938年韓國更將其認定為天然紀念物。根據最近的研究報告指出，金多犬不只是日本犬的祖先，同時和全亞洲的犬種都有淵源。原本是用來獵捕野豬、狗獾和兔子的獵犬。

金多犬的行動敏捷、具有不畏懼的勇氣。對陌生人態度冷淡，若有外物入侵警戒區域，可能會展開攻擊。順從主人、對主人忠心耿耿，對家人也滿懷著愛。但是若長時間獨自看守家門的話，可能會感覺孤單或者太過無趣，而開始出現惡作劇的問題。

BREEDING · DATA

身　高…45～55㎝
體　重…15～23kg
價　格…未定
原產國…韓國

性格　忠實、警戒心強

容易罹患的疾病
過敏疾病

耐寒度　運動量　清潔保養
30分鐘×2次

飼養難易度

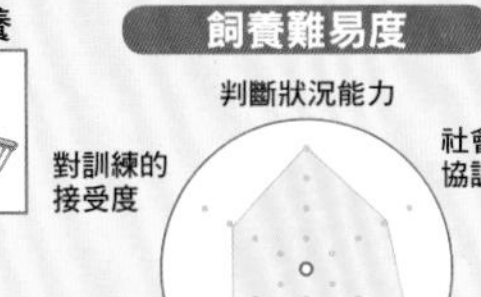

小木斯德蘭犬

Small Munsterlander

犬種號碼 102
中型犬
第7類

曾被遺忘的獵鳥犬

Small Munsterlander

體型雖小 運動量卻相當驚人

小木斯德蘭犬因發展於德國西北部的木斯德蘭市而得名。到了西元1800年代幾乎已自人類的記憶中淡忘，被認為是已絕種的物種，但是19世紀末又奇蹟似地再度被發現，後來慢慢地在一般的家庭中也廣為飼養。小木斯德蘭犬屬於德國體型最小的槍獵犬，可在任何環境下活動，無論是水上或森林都能準確地行動，不僅在德國，甚至在歐洲各國都是很受歡迎的家庭犬。

小木斯德蘭犬的個性活潑開朗、對主人流露出深厚的情感。溫柔體貼，能友善地對待小朋友和其他寵物。但由於精力過度旺盛，因此不適合在都市集合住宅區飼養。此外，每天至少需要散步1小時，或者在寬敞的空間裡自由自在地運動。而被毛的清潔和保養也必須花時間仔細地進行。

BREEDING · DATA

身　高…48～56cm
體　重…14.5～15.5kg
價　格…未定
原產國…德國

性格 溫和敦厚、具協調性、友善

容易罹患的疾病
皮膚病

耐寒度

運動量
30分鐘×2次

清潔保養

飼養難易度

羅秦犬

Lowchen

犬種號碼 233
小型犬
第9類

宛如小獅子般的剪裁造型

獨處時警覺性極高

Lowchen

羅秦犬因其獨特的獅子頭剪裁，而有「Little Lion Dog」(小獅子狗)的別名。一般認為是由地中海沿岸的古老裝飾毛系統的犬種發展而來的。西元1500年代，是義大利、西班牙、法國、德國等國最受歡迎的犬種，但是經過第一次和第二次世界大戰之後，其數量劇減，金氏世界記錄上甚至將牠記載為「最稀有的犬種」。

羅秦犬的個性活潑開朗，卻也有頑固、好勝的一面。對家人的忠誠度極高，聰明、反應快、記性好，因此通常可以順利地進行訓練。雖然也會對陌生人示好，但是僅限於主人在身旁時。羅秦犬獨處時，會抱持著警戒心，有時甚至會大聲的狂叫，正因為其強烈的警戒心，即使做為家中的看守犬也相當可靠。

BREEDING · DATA

身　高…25～33㎝
體　重…4～8kg
價　格…未定
原產國…法國

性格 開朗、活潑、忠實、好勝、頑固

容易罹患的疾病
過敏、皮膚病

耐寒度　運動量　清潔保養

30分鐘×2次

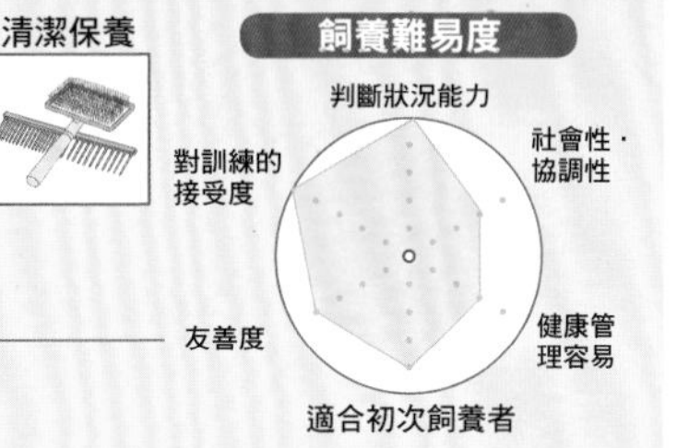

新斯科細亞誘鴨獵犬

Nova Scotia Duck Tolling Retriever

犬種號碼　312
中型犬
第8類

中型的小巧獵犬

Nova Scotia Duck Tolling Retriever

需要龐大的運動量

新斯科細亞誘鴨獵犬的性格穩定，可以飼養在日本的居住環境中。19世紀前期，加拿大新斯科細亞半島的雅茅斯郡已開始飼養此一犬種，其名稱即來自原產地的地名。

新斯科細亞誘鴨獵犬完全具備獵犬的特質，溫柔、聰明又順從，性格開朗活潑，非常喜歡親近人類，也會對陌生人示好。學習能力高，容易訓練，可以很快地吸收許多事物。

身為獵鳥犬，需要的運動量非常龐大，雖然無法和大型犬相提並論，但是非得要長時間的散步才能滿足其需求。

如果認為黃金獵犬和拉布拉多獵犬體型過於龐大，那麼身材適中又能充分滿足獵犬特質的新斯科細亞獵犬，或許是很適合的選擇。

幼犬。

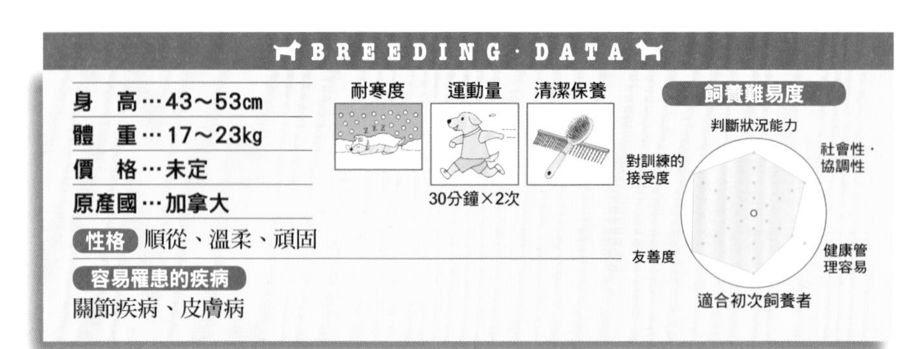

法國獵犬

French Spaniel

犬種號碼　175
中型犬
第7類

藉由神父的手而復活的獵鳥犬

就連原產國境內數量也很稀少

French Spaniel

在歐洲，法國獵犬的別名為「伊巴尼爾法蘭西犬」（Epagneul Francais），16世紀時，廣泛被當作獵鳥犬來飼養，但是後來因為不敵英國原產犬種的高人氣而沉寂了一段時間。直至19世紀，才由喜愛法國獵犬的傅尼葉神父再度復育出來。1996年7月獲得FCI公認為正式的犬種。目前不僅是在世界各地，就連在法國境內，也屬於稀少的犬種。

法國獵犬的個性冷靜、機靈，能和家人愉快地相處。具有社會性，所以也能夠和其他的狗相處融洽。

不過，法國獵犬也有害怕寂寞的一面，一旦長時間獨自看家或遭到主人冷落，便容易造成壓力，因此儘量要讓法國獵犬和家人相伴。如此一來，即使做為家庭犬一起生活也不用擔心。

BREEDING・DATA

身　高…56～61㎝
體　重…19.5～20.5kg
價　格…未定
原產國…法國

耐寒度
運動量：30分鐘×2次
清潔保養

性格 冷靜、具社會性、稍微膽小

容易罹患的疾病
關節疾病、耳部疾病

飼養難易度

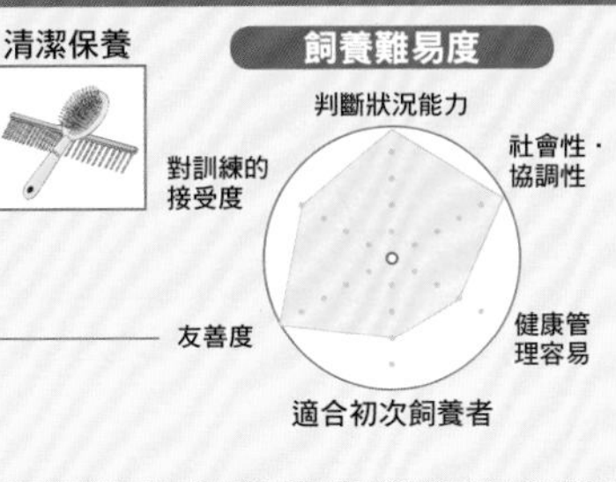

羅馬涅水犬

Romagna Water Dog

犬種號碼 298
中型犬
第8類

轉換工作跑道、嗅覺靈敏的犬種

狩獵能力逐漸消失

Romagna Water Dog

羅馬涅水犬是西元1600年代原產於義大利羅馬涅的犬種，以往於當地的濕地擔任獵鳥犬，從事拾回獵物的工作。但是，1840～1890年間，原本的濕地地帶被填平開發，於是羅馬涅水犬也失去了工作的舞台。因此，羅馬涅水犬便轉而做為尋找高級食材──松露的探索犬，隨著角色的轉換，其狩獵能力亦逐漸消失，但是靈敏的嗅覺反而磨練得更加出色。別名為「拉戈托羅馬閣挪露犬」(Lagotto Romagnolo)，意指「羅馬涅的水獺」。

羅馬涅水犬對家人非常忠實、感情深厚，善於交際，和其他的狗也能夠相處融洽。不過，雖然頭腦聰明，但卻不太容易訓練。羅馬涅水犬身上不透水的被毛容易糾結在一起，因此需要定期刷毛梳整。

BREEDING · DATA

身　高…41～48cm
體　重…11～16kg
價　格…未定
原產國…義大利

性格 忠實、感情豐富

容易罹患的疾病
眼部疾病、皮膚病

耐寒度
運動量 30分鐘×2次
清潔保養

飼養難易度

判斷狀況能力
社會性・協調性
健康管理容易
適合初次飼養者
友善度
對訓練的接受度

法國水犬

French Water Dog

犬種號碼	105
中型犬	
第8類	

是許多水犬的基礎犬種

被毛的保養方面需要的是剪毛處理

French Water Dog

法國水犬的別名為「巴貝犬」（Barbet），據說是許多水犬的基礎犬。16世紀即已流傳著巴貝犬的文獻記錄。除了法國之外，在其他歐洲國家也是高人氣的犬種。

法國水犬身上狀似羊毛的捲曲被毛，即使弄濕，只要甩一甩馬上就乾了，是喜愛玩水的水犬主要的特色。

法國水犬非常喜歡親近家人，個性開朗活潑。其友善、溫馴的特質，非常適合做為家庭犬。不過也有部分的法國水犬會顯露出膽小的一面，可能會因害怕陌生人而大聲狂吠，所以自幼犬時期開始，飼主務必懷著愛和愛犬進行溝通，培養其社會性。另外，其身上狀似羊毛的被毛，不容易清潔保養，而且會持續生長下去，因此飼主必須定期修剪被毛，約以左圖中的長度為佳。

BREEDING · DATA

身　高…50～60cm

體　重…20～25kg

價　格…未定

原產國…法國

性格 順從飼主、捨身奉獻

容易罹患的疾病

關節疾病、皮膚病

耐寒度　運動量　清潔保養

30分鐘×2次

飼養難易度

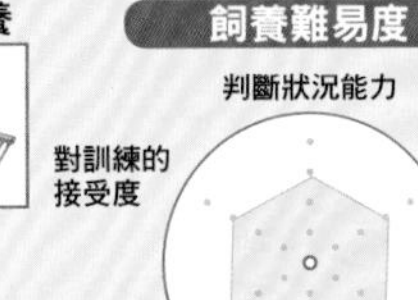

愛爾蘭水獵犬

Irish Water Spaniel

犬種號碼 124
中型犬
第8類

深受美國人喜愛的水獵犬

專門獵捕水鳥的狗 非常喜歡玩水

Irish Water Spaniel

7、8世紀時，就已有被視為是愛玩水的愛爾蘭水獵犬的文獻記載流傳下來。1607年時更出現了確切的文字記錄，而直至1841年之後才廣為世人所知。愛爾蘭水獵犬傳入美國後便大受歡迎，1875年甚至高居人氣排行榜第3名。

愛爾蘭水獵犬的外表毛絨絨的，煞是可愛，不過個性其實比想像中還要活潑，是憑藉著靈敏的嗅覺追逐獵物的水鳥獵犬。由於屬於水犬類，因此非常擅長水上活動，出去玩時也是一看到水就會想要跳進去玩。

愛爾蘭水獵犬不具攻擊性也不會膽小畏縮，個性幽默、容易親近。由於不怕生，所以也非常適合做為家庭犬。但是愛爾蘭水獵犬需要的運動量非常龐大，因此居家環境中，最好能夠準備寬敞的空間以及能讓牠偶爾玩玩水的環境。

BREEDING · DATA

身　高…51～58cm
體　重…20～30kg
價　格…未定
原產國…愛爾蘭

性格 頭腦聰明、順從、好奇心旺盛

容易罹患的疾病
外耳炎、眼部疾病、關節疾病

耐寒度　運動量　清潔保養

30分鐘×2次

飼養難易度

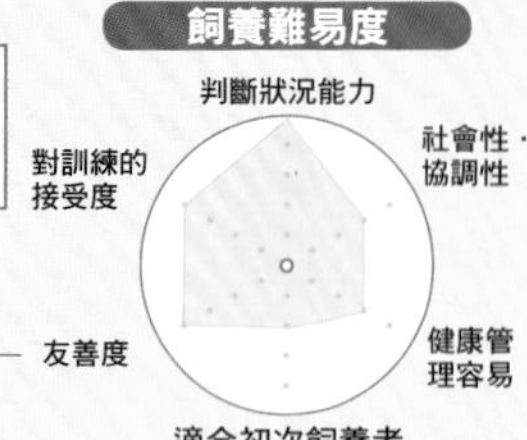

美國水獵犬

American Water Spaniel

犬種號碼 301
中型犬
第8類

在英國
首先獲得公認的犬種

個性友善而機靈

American Water Spaniel

美國水獵犬原產於美國威斯康新州，關於其根源的推測眾說紛紜，一般認為田野獵犬或已絕種的英國水獵犬可能是其祖先。雖然美國水獵犬原產於美國，卻是先獲得英國公認為正式犬種，於1920年公認為正式犬種後，直到1940年才獲得美國的公認。由於美國水獵犬水陸雙棲，因此可以獵捕鵪鶉、野鴨、雉雞、雷鳥和野兔等動物。

美國水獵犬充滿知性、溫和，個性極為友善，正因為過度聰明，以致於可能不容易訓練，不過做為家庭犬飼養是沒有問題的。

一般家庭飼養美國水獵犬時可能會遇到的問題，是其精力充沛的活動能力，每天都需要龐大的運動量，因此最理想的方式，就是偶爾讓愛犬在喜歡的水邊玩水兼運動。

BREEDING · DATA

身　高…36～46cm

體　重…11～20kg

價　格…未定

原產國…美國

性格 順從、友善、穩重

容易罹患的疾病

外耳炎、關節疾病

耐寒度　運動量　清潔保養

30分鐘×2次

飼養難易度

判斷狀況能力　社會性・協調性　健康管理容易　適合初次飼養者　友善度　對訓練的接受度

德國獵犬

German Spaniel

犬種號碼 104
中型犬
第8類

能夠在任何地形衝鋒陷陣的獵犬

平坦的散步步道無法滿足牠的需求

German Spaniel

德國獵犬是由於德國的獵人們有感於需要多用途的獵犬，於是將構想付諸實行而培育出的犬種。1719年，將嗅覺靈敏的「Stober」（史托伯犬）和其他的獵犬配種而成。1903年德國獵犬成為公認的正式犬種，其別名為「Deutscher Wachtelhund」，意指德國的獵鵪鶉犬。

正因為以多用途為目的，因此德國獵犬屬於能夠在森林、沼澤、濕地或水邊等任何地形活動自如的獵犬。一旦發現獵物之後，德國獵犬會猛烈地攻擊，並通知主人獵物的位置。

德國獵犬對主人非常順從、忠實而且感情深厚，但是卻不適合一般家庭飼養。尤其每天需要非常激烈的運動，如果光只是漫步在一般平坦的步道上，是無法滿足其需求的。

BREEDING·DATA

身　高…45～54cm
體　重…20kg
價　格…未定
原產國…德國

性格　略神經質、忠實、感情豐富

容易罹患的疾病
關節疾病、皮膚病

耐寒度　運動量　清潔保養
30分鐘×2次

飼養難易度

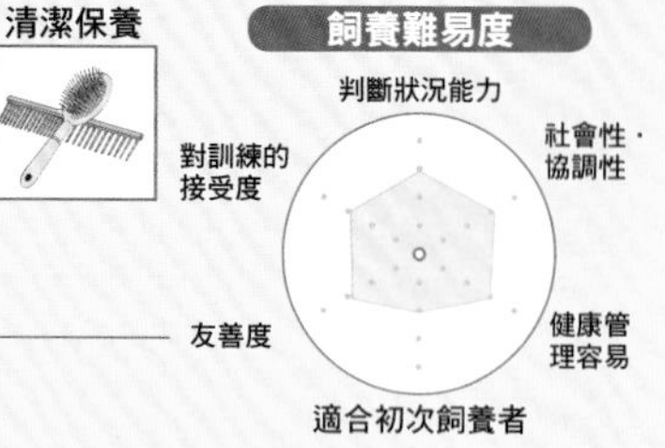

哈瓦納犬

Havanese

犬種號碼 250
小型犬
第9類

每逢戰爭
就會在世界各地絕跡

Havanese

被毛的整理需要耗費龐大的心力

哈瓦納犬曾經是廣受全世界歡迎的犬種，但是每逢各地爆發革命運動就會消聲匿跡，因此殘存至今的數量寥寥可數。18世紀之前，哈瓦納犬在歐洲的上流階級間是人人都會養一隻的人氣犬種，又稱為「Bichon Havanese」或「Bichon havanais」。

哈瓦納犬屬於玩賞犬，聰明、機靈，對待小朋友非常溫柔、熱情，極具迷人魅力。然而警覺性也很強、個性細心，能夠通知主人危險，亦是非常活躍的看守犬。

哈瓦納犬全身佈滿雪白如棉絮的被毛，容易糾結在一起而產生毛球，因此每日的刷毛工作是不可或缺的。由於屬於玩賞犬，因此被毛的保養最好能夠多多費心照顧。

哈瓦納犬的運動量不大，只要在最低限度內進行簡單的散步維持其身體健康即可。

BREEDING · DATA

身　高…28～32cm
體　重…3～6kg
價　格…未定
原產國…地中海西部

性格 機靈、溫柔、感情豐富

容易罹患的疾病
關節疾病、眼部疾病

耐寒度　運動量　清潔保養

20分鐘×2次

飼養難易度

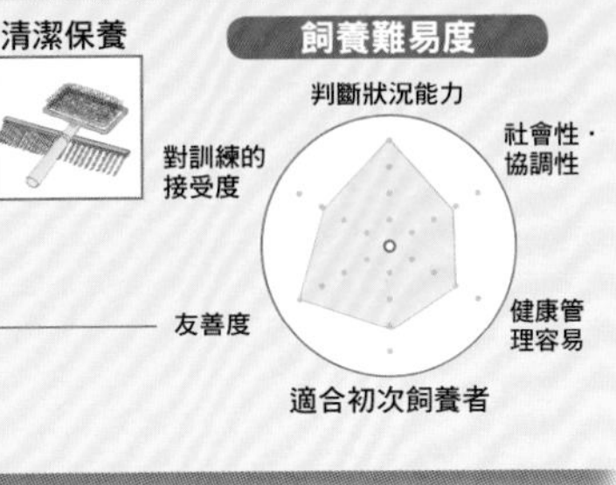

克隆弗蘭德犬

Kromfohrlander

犬種號碼 192
中型犬
第9類

藉由隨軍隊而來的狗所培育出的犬種

被毛有兩種類型

Kromfohrlander

1945年第二次世界大戰末期，隨同盟軍來到德國的法國大巴塞特格里芬犬和剛毛獵狐㹴，兩者間所配種培育出來的狗，即是克隆弗蘭德犬的祖先。原產地為德國威斯特伐利亞的克隆弗徹，其犬種亦由此得名。

克隆弗蘭德犬的被毛有兩種類型，分別是長的粗毛種和短的軟毛種，個性也各有不同。粗毛克隆弗蘭德犬非常和藹可親，軟毛克隆弗蘭德犬則完全是活潑的㹴犬性格。

克隆弗蘭德犬對家人順從、忠實而感情豐富。體型嬌小，可以順應日本的公寓等集合住宅的生活。克隆弗蘭德犬的運動量並不大，因此只要在每天外出散步的過程中安排一些遊戲讓牠活動筋骨，應該就沒有問題了。

粗毛克隆弗蘭德犬。

BREEDING · DATA

身　高…38～46cm
體　重…11～16kg
價　格…未定
原產國…德國

耐寒度　運動量　清潔保養
30分鐘×2次

性格　活潑、順從、感情豐富

容易罹患的疾病
關節疾病、眼部疾病、皮膚疾病

飼養難易度

尋血獵犬

Bloodhound

犬種號碼 84
大型犬
第6類

維持古代的純粹血統的獵犬

應付起來比想像中輕鬆

尋血獵犬為西歐出身的古代法國犬種，一般認為承襲聖休伯特獵犬的血統，因此以意指「純血」的blood為名。屬於歷史悠久的犬種，早於耶穌基督誕生之前，就已於希臘、埃及、義大利等地中海國家發現其蹤影。

尋血獵犬卓越的狩獵能力，在日本也非常受到歡迎，雖然JKC尚未註冊，不過實際上已有被飼養做為狩獵用的工作犬的情形。

從牠的表情看起來似乎有點難搞的感覺，不過對家人其實非常順從，也許應付起來會比一般的獒犬類還要輕鬆。對陌生人會抱持著警戒心，因此也能擔任看守犬的任務。但是由於是獵犬，需要龐大的運動量和相當程度的訓練，因此不適合初次飼養者飼養。

BREEDING・DATA

身　高…58～69cm
體　重…36～50kg
價　格…未定
原產國…比利時

性格 溫和、順從、警戒心強

容易罹患的疾病
眼瞼異常、髖關節發育不良、皮膚病

耐寒度
運動量 60分鐘×2次
清潔保養

飼養難易度
判斷狀況能力
社會性・協調性
健康管理容易
適合初次飼養者
友善度
對訓練的接受度

相關用語解說

欄架

意指鐵製、木製或塑膠製的柵欄，特別適用於在室內飼養犬隻時。利用柵欄圈圍出愛犬平時的活動空間，並於欄架內擺設狗屋、廁所和餐具等物品。

狗屋

用來做為愛犬的床鋪，是一種小屋狀的飼養用品，就像巢穴一樣，可以讓愛犬睡覺或安心生活的地方。

廁所

可以固定廁所用紙者為佳。

尿便墊

一種鋪設於廁所上、含高分子吸水體的紙張。在幼犬學會上廁所之前，除廁所之外，欄架內的其餘部分也必須鋪設紙張，以便讓愛犬可於欄架內任一處大小便。

寵物用保溫墊

寵物專用的充電式保溫墊。板狀的保溫墊可鋪於床墊下使用。

運輸籠

搬運愛犬所需的用具。種類五花八門，有滾輪式、袋狀、後背式、提籠形和連接後可以圍出寬敞空間的組合式。

牽繩

意指繩索。有帶狀、圓形編織繩和鐵鍊等，種類繁多。

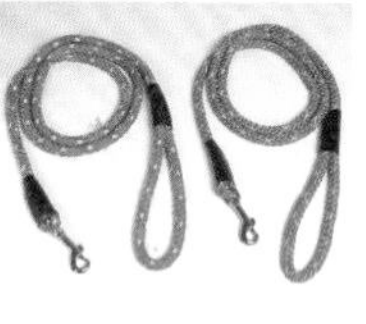

P字鍊

結合項圈的牽繩。由於往後拉扯時，頸鍊的項圈部分會緊縮，因此非常適合做為愛犬散步時的調教用具。

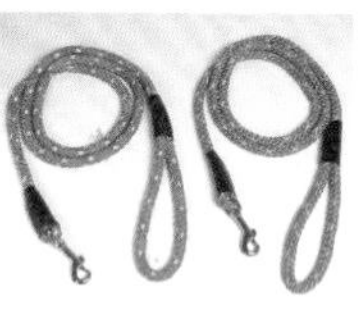

獸毛刷

以豬鬃等製作而成的毛刷。獸毛刷適用於進行短毛犬的刷毛工作，能夠有效增添被毛的光澤。

針梳

此為植入鋼絲狀細針的金屬刷。可清除脫毛、梳開毛球。整理毛流用的針梳，適用於毛質柔軟的長毛犬。倘若用力過度，珠針會傷及愛犬的皮膚，因此使用時切勿將針梳按壓在愛犬身上。

針刷

植入珠針的毛刷。可用於清除表層毛的脫毛和梳整粗長的被毛，同時亦能有效刺激愛犬的皮膚。

鐵扁梳

用於清除脫毛和梳整毛流的梳子。

剪毛修飾（trimming）

為狗或貓美容所進行的修剪或沐浴清潔。

寵物美容（grooming）

刷毛和剪毛等，為狗狗進行被毛的保養。

牽繩運動

意指為愛犬繫上牽繩，從事徒步行走或並肩慢跑等運動。

自由運動

意指讓愛犬在無牽繩的狀態下自由奔跑或遊戲。可於狗狗運動場等進行。

狗狗運動場

意指可卸下牽繩讓愛犬自由遊戲的專用廣場。

寵物美容師（trimmer）

狗或貓的美容師。

寵物繁殖專家（breeder）

純種狗或純種貓的繁殖者。

換毛期

意指犬隻換毛的時期。換毛期會依季節性的氣溫變化而發生，常見於雙層被毛的犬種，每年10、11月左右開始生長的底層毛即為冬毛，隔年4、5月左右，底層毛才會開始掉落。

蹠球

意指腳底凸出的肉球。具有減緩腳底負擔的軟墊作用和止滑效果。

●狼爪

在狗的腳趾中退化的姆趾部位。這是很久以前由狼演化而來時所保留下來的痕跡，一般多會做切除。大部分的狼爪都長在前腳，不過大白熊犬的後腳也有狼爪。

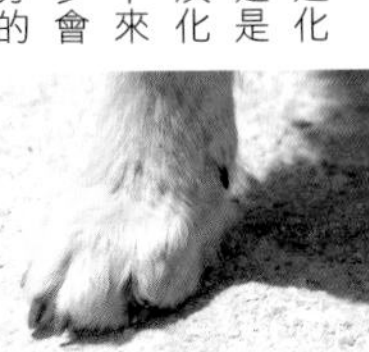

●剪耳

意指為了將杜賓狗、拳獅犬和大丹狗等原本屬於垂耳的犬種改成立耳，於出生後3～5個月左右，施以麻醉，進行切除部分耳朵的手術。目前歐洲國家已禁止犬隻進行非醫療需要的剪耳，有些甚至禁止進口剪耳的犬隻。

●斷尾

意指為求美觀，於出生後10日左右進行的截斷尾巴的手術。目前歐洲國家已禁止犬隻進行非醫療需要的斷尾，有些甚至禁止進口斷尾的犬隻。

●勢力範圍

地盤之意。狗為了宣示地盤，會在散步時出現隨地小便的行為。

●做記號

意指狗利用散步時隨地小便，以留下自己的氣味。

●亂吠

意指無需警戒時，狗仍無視飼主的制止而大聲吠叫。

●寄生蟲

意指棲息於動物身上的致病生物。常見的有跳蚤、壁蝨等寄生於體外的外寄生蟲，以及血絲蟲和蛔蟲等寄生於心臟或腸道的內寄生蟲。

●心絲蟲病

意指心絲蟲幼蟲進入體內血管後繼續繁殖生長，進而對狗的身體造成損害的一種疾病。自傳播心絲蟲的病媒蚊出現前一個月起至其消失後一個月為止，若能對狗投以預防藥物的話，大多都可預防感染心絲蟲病。

●狂犬病

此為由狂犬病毒所引起的一種急性傳染病，目前無任何治療方法，一旦發病，致死率幾達100%。嚴重的話，可能會損壞神經組織，身體出現抽搐、痙攣症狀，甚至攻擊他人。狂犬病毒不僅發生於犬隻之間，甚至也會透過其他動物傳播，感染包含人類在內的所有哺乳類動物。目前，日本的法律明文規定為寵物施打狂犬病疫苗是飼主的義務。

●接種疫苗

意指為愛犬注射疫苗預防傳染病。一年接種二次，即可有效預防傳染病，因此建議飼主最好能讓愛犬施打疫苗。尤其是出生不久的幼犬，更加需要接種疫苗。

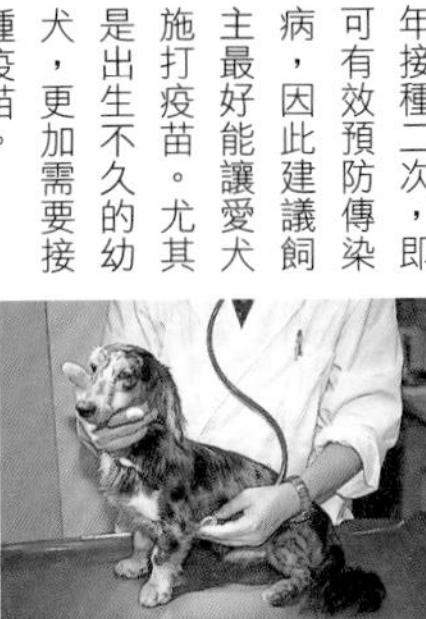

●肛門腺

意指充滿了會散發異味的肛門腺液的腺體，位於狗的肛門旁。務必定期清理愛犬的肛門腺，以免腫脹發炎導致破裂。

●伴侶犬

意指做為家庭犬飼養的狗。

●導群犬

如牧羊犬、趕牛犬和護羊犬等，以畜牧為主要用途的犬類總稱。代表犬種有柯利牧羊犬、邊境牧羊犬等。附帶一提，導群（Herding）一詞的英文原意是「聚集成群的家畜」。

●畜牧犬

意指監視或引導牛、豬等家畜的狗。

●牧羊犬

意指監視或引導羊群等家畜的狗。柯利牧羊犬為其代表犬種。

●護羊犬

意指守護羊隻免於遭受野獸或天敵侵襲的狗，例如波利犬和可蒙犬等。也會反抗狼群的攻擊。

●牧牛犬

意指引導牛群（英文為Cattle）等家畜的狗，又稱「趕牛犬」。

●槍獵犬

意指協助狩獵的獵鳥犬。如將鳥驚飛的英國可卡獵犬、告知獵物位置的指示犬與蹲獵犬（Setter，又稱雪達犬），以及拾回遭獵人擊落獵物的尋回犬（Retriever，又稱拾回犬）等。

狐狸犬系

意指雙耳尖聳、口吻部（口鼻處）尖突的犬種，如絨毛犬和柴犬等。

㹴犬

所有做為獵捕狗獾、狐狸和老鼠等動物的狩獵犬的總稱。由於其主要用途為引誘或拖行獵物離開巢穴，輔助狩獵，故其名稱源於拉丁語「terra」，表泥土之意。

狗獾

分佈於歐洲、美國和日本等地，常於牧場或農地等處挖洞，被視為農作物的害獸，屬於鼬鼠的同類。為了驅趕此類害獸，進而培育出許多犬種。

獵犬

為了追捕獵物而培育的狩獵犬總稱。

嗅覺型獵犬

此類獵犬利用其敏銳的嗅覺追蹤獵物的體味。

視覺型獵犬

此類獵犬視力良好，可發現遠方的獵物，並利用其敏捷的奔馳速度追捕獵物。一般而言，視覺型獵犬的體型較為修長。

工作犬

意指協助人類從事警備、護衛、救難、偵查、拖車和拉雪橇等，協助人類從事狩獵以外工作的犬種。

水獵犬

意指於海邊、河川、湖畔等從事水上作業、深諳水性的犬種。

又鬼犬

意指隨著日本愛奴人的狩獵組織「又鬼」（日本北海道及東北地方的古代狩獵團隊），以進行獵熊活動為主的犬種。為秋田犬的祖先。

鬥犬

意指讓兩隻狗互相鬥咬。其中以土佐鬥犬和史大佛夏牛頭㹴較為著名。

軍用犬

協助傳令和監視等軍事任務的狗。代表犬種為德國牧羊犬、杜賓狗和大丹狗等。

警犬

意指於警察偵查犯罪現場時，利用敏銳的嗅覺來追蹤和巡視氣味的犬類。目前日本以德國牧羊犬、拉布拉多獵犬等七種犬種做為警犬。

緝毒犬

意指在機場、海關等，用來聞出藏匿在行李內的毒品的狗。

搜救犬

憑藉著災害發生時活埋於瓦礫堆下的遇難者的氣味協助搜救工作的救難犬。

水上救難犬

協助救援水難遇難者的救難犬。其中以紐芬蘭犬最為有名。

導盲犬

意指協助視障者的工作犬。代表犬種為拉布拉多獵犬。

導聽犬

意指協助聽障者的工作犬。犬種不拘，玩賞犬亦可做為導聽犬。

看護犬

意指協助身障者日常生活起居的工作犬。

治療犬

意指於醫療或社福機構等從事心靈治療——又稱為「動物療法」——的工作犬。

土狗

意指自古即在該地區土生土長的狗。

犬種標準

意指犬種理想身形的標準。除了體型、毛色和頭形之外，針對該犬種的缺點亦有規範。各標準值會依制定機構的不同而產生些微的差異。

JKC

財團法人日本畜犬協會（JAPAN KENNEL CLUB）的簡稱。於1949年日本以「全日本警備犬協會」為名設立了全犬種組織，而1952年更名後便延用至今。目前是日本最大的愛犬人士團體，負責發行血統證明書、舉辦狗展和各項競賽，以及各項與狗相關的啟蒙活動等。

KC

英國畜犬協會（Kennel Club）

AKC

美國畜犬協會（American Kennel Club）

●FCI

國際性的愛犬組織「世界畜犬聯盟（Federation Cynologique Internationale）」的簡稱。總部設立於比利時，1911年成立以來，制定了各犬種的犬種標準和狗展的審查基準等，並舉辦各種狗展和相關的啟蒙活動。全球已有眾多愛犬團體和畜犬協會加盟，JKC亦為本聯盟的會員之一。

●註冊數量

註冊於畜犬協會和犬種團體的犬隻數量。換言之，JKC的註冊數量，即為此一年度出生於日本的純種幼犬總數。

●無註冊順位之犬種

意指未註冊於JKC的犬種（2008年未註冊於JKC的犬種，本書並沒有記載其人氣排行。但是其中所介紹未載明順位的犬種，均為近10年來曾註冊於JKC的犬種）。

●公認犬種

經由犬種團體所公認的犬種。雖然也有經過各國畜犬協會和犬種團體獨自認定的犬種，但是本書仍然以FCI（世界畜犬聯盟）制定的犬隻為「公認犬種」，標示的也是FCI所頒布的犬種號碼。

犬種類別

一般多以身形和用途等項目為準，將全世界的犬種分門別類。至於分類的方法則因各國的愛犬團體而異。美國、英國、加拿大和澳洲等國，將公認的正式犬種分成七類，而FCI（世界畜犬聯盟）和JKC則分成十類。

Group① 第1類	乃是以牧羊和牧牛為主的畜牧、牧羊犬類。從事引導家畜和協助家畜移動至市場交易的犬種都屬於第1類。但是瑞士牧牛犬除外，屬於第2類。
Group② 第2類	從事捕鼠或看守家畜的賓莎犬和雪納瑞犬、承襲古羅馬軍用犬血統的莫洛山犬類犬種，以及瑞士牧牛犬類。包含獒犬、鬥牛犬和土佐鬥犬等。
Group③ 第3類	小型狩獵犬的㹴犬類。以約克夏㹴為例，㹴犬的身形大多嬌小可愛，由於狩獵時會協助將獵物誘出或拉出巢穴，因此大多精力充沛，充滿鬥志。
Group④ 第4類	臘腸犬類。依其體型分成標準型臘腸狗、迷你型臘腸狗和超迷你型臘腸狗三種，而毛質又各分為軟毛、長毛和剛毛，合計共九種類型。
Group⑤ 第5類	擁有尖突的口吻部和尖聳的立耳的狐狸犬類和原始犬類。日本原有的柴犬、博美狗和西伯利亞雪橇犬等均屬於此類。
Group⑥ 第6類	憑藉靈敏的嗅覺追蹤獵物的氣味追蹤犬，和功能相近的狩獵犬種。米格魯、大麥町犬、巴吉度獵犬、迷你巴塞特格里芬凡丁犬等均屬於此類。
Group⑦ 第7類	指示犬和蹲獵犬的指標犬類。英國指示犬和愛爾蘭蹲獵犬等均為其代表犬種，負責獵鳥時偵察獵物的任務。
Group⑧ 第8類	除指標犬以外的獵鳥犬類。包含追趕藏匿鳥類的激飛犬、尋回擊落獵物的尋回犬和擅長尋回落水獵物的水獵犬。
Group⑨ 第9類	培育成家庭犬和玩具犬的犬種。一般稱為伴侶犬和玩賞犬。其中包含眾多可愛的人氣犬種，例如吉娃娃、貴賓狗、西施犬、蝴蝶犬和馬爾濟斯犬等。
Group⑩ 第10類	一種稱為視覺型獵犬的獵獸犬。視力極佳，可發現遠方的獵物，並利用其敏捷的奔馳速度追捕獵物。一般視覺型獵犬的四肢修長，體型精瘦，如靈𤟥、蘇俄牧羊犬、阿富汗獵犬等。

狗的被毛與毛色

相傳一萬多年前，狗就是人類忠實的朋友。
經過如此漫長的相處過程，人類培育出各種不同類型的犬種，
而狗的毛質和毛色也有了更豐富的變化。被毛的種類不同，其處理保養的方式也隨之不同。
以下將針對狗的毛質和毛色的主要用語進行解說。

毛質類型

剛毛

意指毛質粗硬、狀似鐵絲的犬種。

短毛

意指短毛型犬種。又稱絨質毛。

無毛

意指無被毛的犬種。其中以中國冠毛犬和墨西哥無毛犬最為有名。

表層毛

意指狗身體最表面的毛，又稱上層毛、外層毛或表毛。有別於底層毛，表層毛的毛質較為直硬。

底層毛

意指表層毛下濃密柔軟的毛，又稱下層毛和內層毛。具有保暖、防水的功能。會在秋天開始換毛，隔年夏天脫毛。另外亦有無底層毛的犬種。

長毛

意指長毛型犬種。

單層毛

意指僅有表層毛而無底層毛的被毛。

雙層毛

意指擁有表層毛和底層毛的兩層被毛。

雜色毛

意指表層毛上呈斑點狀的淺色被毛。

裝飾毛

意指主要位於耳朵、四肢和尾巴等部位的長毛。

斑紋

意指狗的身上分佈著毛色或深淺度有別於底色的紋樣。

斑點

意指小斑。

混色毛

意指兩種不同顏色的被毛混合在一起。

白斑

意指經過兩眼之間縱向的白色紋路。

面部覆蓋毛（mask）

意指口吻部或額頭前端顏色較深的被毛部分，是拳獅犬和獒犬等犬種中常見的特徵之一。尤其是毛色純黑者，被稱為黑面覆蓋毛（black mask）。

各種毛色

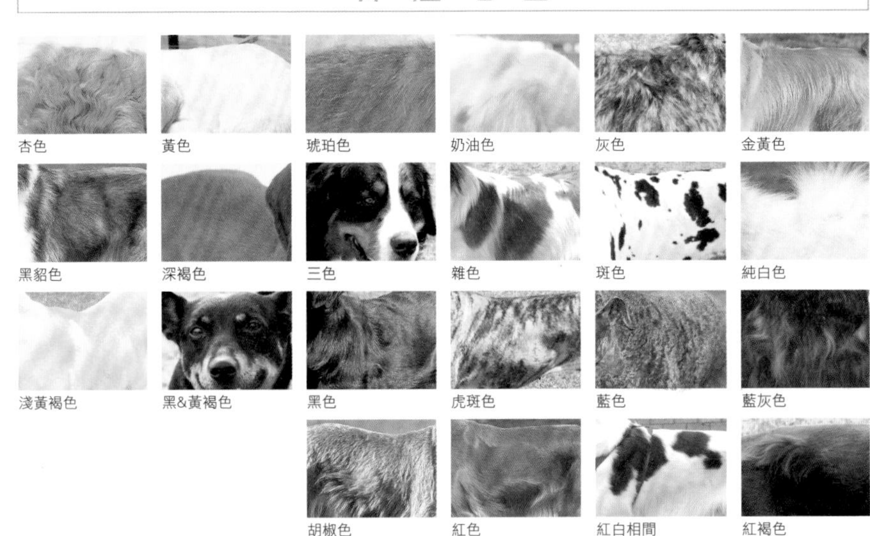
杏色 黃色 琥珀色 奶油色 灰色 金黃色
黑貂色 深褐色 三色 雜色 斑色 純白色
淺黃褐色 黑&黃褐色 黑色 虎斑色 藍色 藍灰色
胡椒色 紅色 紅白相間 紅褐色

●杏色（Apricot）
杏仁色。略帶紅的黃色。
●黃色（yellow）
淺褐色，以拉布拉多獵犬為代表。
●琥珀色（Wheaton）
小麥色，略帶淺黃色。
●奶油色（Cream）
意指乳白色。
●灰色（Gray）
從深灰色到淡銀灰色，有各種不同的深淺。
●金黃色（Golden）
意指金色。
●黑貂色（Sable）
意指淺色的基本色加入黑色的毛。
●深褐色（Chocolate）
意指深紅褐色或焦褐色。
●三色（Tri-color）
毛色由白色、黑色和黃褐色三種顏色組合而成。以剛毛獵狐㹴為代表。
●雜色（Parti-color）
意指白色的底色上有明顯的色斑。
●斑色（Harlequin）
意指白色的底色摻入黑色或藍灰色的斑點。
●純白色（Pure white）
意指正白色。
●淺黃褐色（Fawn）
略帶金色的褐色。有各種不同的深淺。
●黑&黃褐色（Black&Tan）
黑色的底色，眉毛、四肢和胸部等處規則地分佈黃褐色的毛色。
●黑色（Black）
意指正黑色。
●虎斑色（Brindle）
意指基本的底色混入不同顏色的雜色毛。

●藍色（Blue）
其中有各種不同的深淺。
●藍灰色（Blue roan）
意指藍色的底色混入極少的白毛。
●胡椒色（Pepper）
有從略帶藍色的黑芝麻色到淺灰色。
●紅色（Red）
意指紅色或淺紅褐色。
●紅白相間（Red and white）
意指紅褐色和白色的雙色被毛。
●紅褐色（Liver）
深紅褐色。
●赤色
日本犬特有的顏色。從黃褐色到紅緋色，顏色的範圍很大。
●紅芝麻色
意指紅色的底色混入黑色雜毛的斑紋。
●赤虎
意指紅色的底色混入黑色橫紋的被毛。
●淺栗色（Isabella）
淡栗毛色。
●狼灰色（Wolf gray）
意指毛尾呈黑色的灰褐色或黃灰色被毛。
●橘色（Orange）
意指黃紅色或淺黃褐色的被毛。以博美狗為代表。
●藍灰色（Grizzle）
意指略帶藍色的灰色。
●黑芝麻色
意指整體較芝麻色混入更多黑色的雜色毛。
●黑虎
意指黑色的底色混入紅色橫紋的被毛。相較於虎皮色，黑色的部分更多，全身偏黑 。
●芝麻色
意指黑白參半的毛色。

●黃土色（Sandy）
意指砂色。亦含深黃土色（Sandy yellow）。
●銀色（Silver）
略帶灰色的銀白色。
●深藍灰色（Slate blue）
略帶灰色的藍色。
●單色（Solid）
意指單一顏色。
●黃褐色（Tan）
意指淺褐色。
●栗紅色（Chesnut）
意指栗色或紅褐色。
●虎皮色
日本犬特有的毛色，意指白色的底色混入黑色的橫紋。
●河狸色（Fiber）
意指混合咖啡色和灰色的毛色。
●淡黃褐色（Biscuit）
淺奶油色。
●淡棕色（Fallow）
意指淡黃色。
●咖啡色（Brown）
褐色或茶褐色。
●大理石色（Blue Merle）
意指藍色、黑色和灰色相混，狀似大理石的毛色。
●紅褐色（Mahogany）
意指接近紅褐色的栗色。
●暗紅色（Rusty red）
意指紅褐色。
●紅寶石色（Ruby）
意指深栗紅色。
●斑紋色（Roan）
意指底色混入少許白色的被毛。

國家圖書館出版品預行編目資料

超人氣犬種圖鑑BEST 185經典版/藤原尚太郎編著；
蘇阿亮譯. -- 三版. -
新北市：漢欣文化事業有限公司, 2023.11
256面；21x15公分. -- (動物星球；2)
ISBN 978-957-686-890-0(平裝)

1.CST: 犬 2.CST: 動物圖鑑

437.35025 112017959

日文原著工作人員

封面設計　鳥居滿
內文DTP　平田治久（NOVO）
攝　　影　太田康介　藤原尚太郎
攝影協力　EQUUS RIDING FARM
編輯協力　（有）GLASS WIND
協　　力　JKC（社團法人Japan Kennel Club）
　　　　　FCI（世界畜犬聯盟）
　　　　　寵物專門店KOJIMA
責任編輯　金沢美由妃（主婦之友社）

定價 380元

動物星球 2

超人氣犬種圖鑑 BEST185（經典版）

編　　著／藤原尚太郎
譯　　者／蘇阿亮
出 版 者／漢欣文化事業有限公司
地　　址／新北市板橋區板新路206號3樓
電　　話／02-8953-9611
傳　　真／02-8952-4084
郵撥帳號／05837599 漢欣文化事業有限公司
電子郵件／hsbooks01@gmail.com
三版一刷／2023年11月

本書如有缺頁、破損或裝訂錯誤，請寄回更換